FORSCHUNGSBERICHT DES LANDES NORDRHEIN-WESTFALEN

Nr. 2689/Fachgruppe Textilforschung

Herausgegeben im Auftrage des Ministerpräsidenten Heinz Kühn
vom Minister für Wissenschaft und Forschung Johannes Rau

Dipl.-Ing. Oskar Becker
Dr. rer. nat. Wolfgang Stein
Institut für textile Meßtechnik M. Gladbach e.V.

Untersuchung der Bewegung von Spinn-
und Zwirnläufern auf der Ringbahn

Springer Fachmedien Wiesbaden GmbH

CIP-Kurztitelaufnahme der Deutschen Bibliothek

Becker, Oskar
Untersuchung der Bewegung von Spinn- und Zwirnläufern auf der Ringbahn / Oskar Becker; Wolfgang Stein. - 1. Aufl. - Opladen: Westdeutscher
Verlag, 1977.

(Forschungsberichte des Landes Nordrhein-
Westfalen; Nr. 2689 : Fachgruppe Textilforschung)

NE: Stein, Wolfgang:

ISBN 978-3-531-02689-3   ISBN 978-3-663-06781-8 (eBook)
DOI 10.1007/978-3-663-06781-8

© 1977 by Springer Fachmedien Wiesbaden

Ursprünglich erschienen bei Westdeutscher Verlag GmbH, Opladen 1977

Inhalt

1. Vorwort	....	5
2. Einleitung	....	5
3. Aufgabenstellung	....	7
4. Versuchsdurchführung	....	8
4.1 Voraussetzungen	....	8
4.2 Versuchsstand	....	9
4.3 Versuchsbedingungen	....	10
4.31 Ring	....	11
4.32 Garn	....	11
4.33 Betriebsdaten der Spindel	....	11
5. Versuchsauswertung	....	11
5.1 Meßfehler	....	12
5.2 Darstellung der Meßergebnisse	....	13
5.3 Rechnerische Auswertung	....	14
5.31 Läufernacheilung	....	14
5.311 Lineare Regressionsrechnung	....	14
5.312 Sinusfunktion	....	14
5.32 Läuferschräglage	....	16
5.321 Subjektive Beurteilung	....	16
5.322 Averaging	....	16
6. Beurteilung und Vergleich der Meßergebnisse	....	17
6.1 C-flach-Läufer	....	18
6.2 HZ-Läufer	....	19
6.3 Vergleich	....	19
7. Die Auswirkung der Bewegungsungleichmäßigkeit	.....	20
7.1 Der Läuferweg	....	20
7.2 Die Läufergeschwindigkeit	....	21
7.3 Die Läuferbeschleunigung	....	22
7.4 Die Kräfte	....	22
8. Einfluß der Spinnparameter auf die Kräfte	....	23
9. Zusammenfassung	....	25
10. Literatur	....	26
11. Formelzeichen	....	29
Tabellen	....	30
Abbildungen	....	40

1. Vorwort

Die Erstellung des vorliegenden Berichtes wurde durch die finanzielle Förderung des Ministeriums für Wissenschaft und Forschung des Landes NRW ermöglicht. Der Dank des Institutes für textile Meßtechnik M.Gladbach e.V. und der Verfasser gilt der zuschußgebenden Stelle in erster Linie. Weiterer Dank gebührt den Herren Neukirchner und Frechinger vom Institut für angewandte Mikroskopie, Photographie und Kinematographie der Frauenhofer-Gesellschaft, Karlsruhe, welche die foto- und filmtechnische Seite des Vorhabens bearbeiteten. Endlich wird allen Mitarbeitern des Institutes für textile Meßtechnik, die insbesondere an den mühsamen und langwierigen Auswertearbeiten teilgenommen haben, gedankt.

2. Einleitung

Die Aufgabe des Ringspinn-/Ringzwirnprozesses besteht darin, dem vom Streckwerk der Spinn-/Zwirnmaschine zulaufenden Faserbändchen bzw. Doppelfaden eine Drehung zu erteilen und den gebildeten Faden (Zwirn) in Copform aufzuwickeln. Die wesentlichen Grundelemente bei diesem Vorgang sind die rotierende, den Garnkörper tragende Spindel, der Spinnring und der Läufer, der vom Faden nachgeschleppt wird und auf dem Ring eine Kreisbahn durchläuft. Die Kombination von Läufer und Ring bestimmt die Leistung einer Spinn- oder Zwirnmaschine, d.h. die erreichbare Maximalgeschwindigkeit des Läufers auf dem Ring, die wegen der Zentrifugalkraft u.a. vom Ringdurchmesser abhängt (1). Wesentlich für die maximale Läufergeschwindigkeit ist ferner das Gleitvermögen des Läufers auf dem Ring, da bei ungünstigen Reibungsverhältnissen der Läufer schnell verschleißt. Die Gefahr einer vorzeitigen Läuferzerstörung ist vor allem dann gegeben, wenn sich der Läufer infolge seiner Reibung am Ring stark erwärmt und dadurch an Härte einbüßt (1-5). Besonders gefährlich ist in dieser Hinsicht eine unregelmäßige Läuferbewegung, die sich im Extremfall in dem bekannten "Schwirren" äußert (6-8). Geeignet zur Erhöhung der Läuferstandzeiten sind daher Maßnahmen, die die Gleiteigenschaften eines Läufers verbessern und die Läufererwärmung herabsetzen. Dazu zählen u.a. eine Verminderung der Anpresskraft des Läufers auf den Ring durch Balloneinengungsringe (9) und eine Verbesserung der Wärmeableitung von der Berührungsstelle Läufer/Ring, beispielsweise durch eine Vergrößerung der Läuferoberfläche, eine Erhöhung des Läuferquerschnitts (7,10,11) oder eine Schmierung der Ringbahn. Der Reibungskoeffizient zwischen Läufer und Ring sollte einen Wert von 0,1 nicht überschreiten (7).

Hinsichtlich der Läuferschmierung kann grundsätzlich unterschieden werden in ungeschmierte und geschmierte Ringe. Bei dem letzteren Verfahren wird der Ringbahn aus einem Reservoir über einen Docht oder Filz Öl zugeführt, um den Reibungskoeffizienten des aus Stahl oder Nylon bestehenden Läufers gegenüber dem ebenfalls aus Stahl gefertigten Ring zu reduzieren. Daneben finden Sinterringe Verwendung, die durch einmaliges Tauchen in ein Ölbad genügend Schmiermittel für eine längere Laufzeit in sich aufnehmen und nicht ständig von außen her mit Öl versorgt werden müssen (1). Bei den "trockenen" Ringen, die speziell in der Baumwollspinnerei zum Einsatz kommen, erfolgt die Schmierung indirekt durch den Faden, d.h. durch das der Baumwolle anhaftende Wachs oder die auf Chemiefasern aufgebrachte Avivage. Läufer und Ring sind hier so geformt, daß das Schmiermittel vom Faden auf die Berührungsstelle Läufer/Ring übertragen werden kann. Als vorteilhaft hat sich der sogenannte Elliptikläufer insofern erwiesen, als er infolge seines tiefliegenden Schwerpunktes ein besonders ruhiges Laufverhalten zeigt, der Faden relativ nahe an die Berührungsstelle Läufer/Ring herangeführt und damit die Läuferschmierung durch dem Faden anhaftende Substanzen gefördert, und schließlich die Wärmeableitung durch den größeren Läuferquerschnitt verbessert wird (1,10,12,13). Allerdings ist bei dem Elliptik-Läufer die erhöhte Gefahr einer Fadenschädigung durch Hitzeeinwirkung oder mechanisches Verklemmen des Fadens zwischen Läufer und Ring gegeben (13).

Eine weitere konstruktive Maßnahme, durch die der Läuferverschleiß gemindert werden soll, besteht auf dem Gebiet der ungeschmierten Ringe in der Einführung von rotierenden Ringen, die eine Verminderung der Relativgeschwindigkeit zwischen Läufer und Ring bewirken (14). Aus verschiedenen Gründen ist dieses Verfahren bisher nie über das Entwicklungsstadium hinausgekommen.

Geschmierte Ringe eignen sich bevorzugt für die Verarbeitung gröberer Garne. Sie haben sich vor allem in der Kammgarnspinnerei, der Streichgarnspinnerei und -zwirnerei einführen können. Versuche laufen auch bei Baumwoll- und Mischgarnen (15). Da geschmierte Ringe nicht von einer Schmierung durch Fadensubstanzen abhängen, sind sie in diesem Punkt wesentlich unproblematischer und erlauben generell höhere Läufergeschwindigkeiten, als dies bei Verwendung trockener Ringe möglich wäre.

Ein wesentliches Kriterium für die erreichbaren Läufer- und damit Spinn- oder Zwirngeschwindigkeiten ist schließlich auch die Zugspannung im Faden. Diese wird durch eine Reihe von Faktoren wie der Spinn-/ Zwirngeschwindigkeit, dem Gleitverhalten beeinflußt. Fadenzugunterschiede treten zwischen dem leeren und vollen Cop auf (6,9,16,17).

Mit Hilfe von Spindelaufsätzen kann die Spinn- bzw. Zwirnspannung wesentlich herabgesetzt werden, was insbesonders bei groben, relativ weich gedrehten Streichgarnen von Vorteil ist (18). Bei Messungen der Fadenzugkraft wird häufig nicht genügend berücksichtigt, daß der mit konventionellen Meßgeräten festgestellten "mittleren" Fadenzugkraft im allgemeinen Fadenzugspitzen überlagert sind, welche die Mittelkraft unter Umständen um ein Vielfaches übersteigen (19). Für die tatsächliche Fadenbeanspruchung sind aber allein diese Fadenzugspitzen maßgebend. Kurzzeitige Fadenzugspitzen entstehen beim Spinnen und Zwirnen vor allem dann, wenn Spindel, Ring und Fadenöse gegeneinander nicht zentrisch ausgerichtet sind, wie es häufig im praktischen Betrieb infolge unzureichender Maschinenkontrollen anzutreffen ist (20,21). Exzentrizitäten bewirken, daß der Läufer auf dem Ring keine gleichförmige Bewegung ausführt. Dadurch wird die bei Läufern auf trockenen Ringen normalerweise gegebene Einpunktberührung auf dem Ring gestört (6,22). Als Resultat eines Kippens des Läufers, das periodisch über eine oder auch zwei Drehungen auftreten kann, zeigen sich häufig an den betreffenden Ringstellen Einkerbungen (13). Störungen wie diese können unter Verwendung eines Lichtblitzstroboskops beobachtet und fotografisch erfaßt werden (18,20,22). Ein weiteres Hilfsmittel ist die Hochfrequenzkinematografie (13,23-25). Dieses Verfahren gäbe prinzipiell auch die Möglichkeit, das bereits erwähnte, als Schwirren bezeichnete gestörte Laufverhalten zu erfassen. Hierbei handelt es sich um eine unperiodische Änderung der Läuferbewegung hoher Frequenz, die durch eine zu niedrige Fadenspannung, eine zu rasche Umkehrbewegung der Ringbank oder eine Dezentrierung von Spindel und Leitöse, besonders aber auch beim Einsetzen eines neuen Läufers eintritt, und die von einem lauten rasselnden Geräusch begleitet wird (6-8).

3. Aufgabenstellung

Das bessere Verständnis der oben geschilderten Zusammenhänge sollte durch eine möglichst genaue Erfassung der Bewegung von Ringläufern auf Zwirn- und Spinnringen gefördert und mögliche Störungen im Ring-Läufer-System erklärbar gemacht werden, wobei besonderer Wert auf periodisch wiederkehrende Erscheinungen zu legen war.

Als charakteristische Merkmale der Läuferbewegung wurden 2 Winkel und ihre zeitliche Veränderung angesehen.

1. Die Läufernacheilung, d.h. der Winkel, dessen Scheitelpunkt in der Spindelachse liegt und dessen einer Schenkel zu einer festen Marke auf der Spindel und dessen zweiter Schenkel zum Läufer führt. Dieser Winkel liegt in der Ringebene. Die Läufernacheilung selbst ist eine willkürlich gewählte Größe, ihre zeitlichen und örtlichen Veränderungen jedoch geben Aufschluß über die Unregelmäßigkeiten, die der an sich gleichförmigen Umlaufbewegung des Läufers überlagert sind.

2. die Läuferschräglage, das ist der Winkel, der von der Vertikalen und dem an der Ringinnenfläche laufenden Läuferschenkel eingeschlossen wird. Die Läuferschräglage zeigt auf, ob die Gefahr des Festklemmens des Läufers auf seiner Führung gegeben ist.

Beide Merkmale waren in möglichst kurzen zeitlichen Abständen fotografisch festzuhalten und durch Ausmessung der Bilder die genannten Winkel zu bestimmen und über der Zeit, dargestellt durch den Drehwinkel der gleichförmig umlaufenden Spindel, aufzutragen. Dabei sollten vorhandene Gesetzmäßigkeiten aufgedeckt und nach Möglichkeit Angaben über die Geschwindigkeit und Beschleunigung des Ringläufers aus den Meßergebnissen berechnet werden. Der schnelle Bewegungsablauf machte dabei den Einsatz von Meßgeräten mit einer hohen zeitlichen Auflösung erforderlich.

4. Versuchsdurchführung

4.1 Voraussetzungen

Die Erfassung der Bewegung des Läufers erfolgte mit Hilfe einer Hochfrequenz-Filmkamera, die mit Bildfrequenzen zwischen 2800 und 5800 HZ arbeitete. Die begrenzte, in der Kamera unterzubringende Filmlänge führte zu den äußerst kurzen verwertbaren Szenenlängen von etwa 0,2 bis 0,3 sec Aufnahmedauer. Verglichen damit waren die Vorbereitungszeiten für jede Filmaufnahme, mit einer Dauer von 20 bis 30 Minuten, groß. Während dieser Zeit mußte unter anderem die Fokussierung der Kamera erfolgen, die bis zur eigentlichen Aufnahme nicht verändert werden durfte. Durch Änderung der Aufnahmeentfernung, beispielsweise wegen des Ringbankhubes, wäre diese Konstanz gestört worden. Es mußte also mit stillstehender Ringbank gearbeitet werden, was bedeutete, daß ein Spulenaufbau nicht stattfinden durfte. Die Position der Filmkamera war so zu wählen, daß beide charakteristische Winkel unverfälscht abgebildet wurden. Für die Läufernacheilung mußte also in Richtung der Spindelachse, senkrecht auf die Ringebene fotografiert werden. Die Läuferschräglage konnte nur mit Blickrichtung senkrecht auf die Ringinnenfläche unverzerrt abgebildet werden. Durch Spiegelung dieser Aufnahmerichtung um $90°$ war der Übergang in die Spindelachsenrichtung möglich. Da der Spiegel mit der Spindel umlief, ließen sich so beide Winkel, die zur gleichen Spindelstellung gehören, gleichzeitig auf dem gleichen Bild festhalten.

Die hohe Bildfrequenz hatte zur Folge, daß je Einzelbild nur etwa 0,25 ms für Filmtransport und Belichtung verfügbar waren. Die Belichtungszeit konnte aus diesem Grunde und wegen der zu

befürchtenden Bewegungsunschärfe nur einige μs betragen.
Die Beleuchtungsstärke mußte infolgedessen hoch sein, zumal ein feinkörniger und entsprechend unempfindlicher Film Verwendung fand. Die Beleuchtung durch sehr helles Gleichlicht schied wegen der damit verbundenen extremen Wärmeentwicklung aus. Es kam also nur stroboskopische Beleuchtung mit energiereichen, äußerst kurzen Lichtblitzen in Frage.
Die Beleuchtung des Bildfeldes mußte schattenfrei sein, also genau in Aufnahmerichtung erfolgen. Spindelachse sowie optische Achsen von Kamera und Beleuchtungseinrichtung mußten demnach zusammen in die gleiche Gerade fallen, in der sich auch das Fadenführungsauge (Sauschwänzchen) für den der Spindel zugeführten Faden befand. Dieses war so klein ausgebildet, daß es bei richtiger Wahl der Schärfentiefe an der Filmkamera nicht mehr abgebildet wurde und keine nennenswerte Verdunklung des Bildfeldes verursachte.

Während der Filmaufnahme sollte die Zugkraft im Faden gemessen werden. Die gleiche hohe zeitliche Auflösung wie bei den Filmaufnahmen war dabei erforderlich.

4.2 Versuchsstand

Die beschriebenen Versuchsvoraussetzungen schlossen das Arbeiten auf einer üblichen Ringspinnmaschine aus, da ein Ringbankhub nicht stattfinden durfte, der Copdurchmesser während der Vorbereitungs- und Aufnahmezeiten konstant gehalten werden mußte und im Umkreis der Spindel nach allen Richtungen genügend Platz zur Unterbringung der erforderlichen Einrichtungen nötig war. Es wurde deshalb die in Abb. 1 schematisch dargestellte Einrichtung eingesetzt. Im Zentrum der Versuchsanordnung stand die Spindel. Sie setzte sich aus der kugelgelagerten Hohlwelle, dem Antriebswirtel und einem Spindelkopf zusammen. Es wurde nach Art einer Falschdrahtspindel gearbeitet, d.h. der Faden wurde durch den Läufer tangential auf den Spindelkopf, der dabei die Stelle des Cops vertritt, geführt, trat nach einer kurzen Umschlingung radial in den Kopf ein und wurde innerhalb der Spindel durch einen Führungskanal so geleitet, daß er senkrecht nach unten austreten konnte. Im Gegensatz zu den Verhältnissen beim Spinnen/Zwirnen waren die Umdrehungszahlen von Spindel und Läufer bei der Versuchsanordnung identisch. Der Fadentransport erfolgte durch angetriebene Walzenpaare vor dem Eintritt in die Falschdrahtanordnung und nach dem Austritt aus dieser. Beide Walzenpaare waren feinfühlig in der Umfangsgeschwindigkeit regelbar. Dadurch ließ sich während des Laufes die Länge der gesamten Fadenstrecke zwischen Zuliefer- und Abzugswalzenpaar regulieren. Da die Fadenlänge vom Lieferwalzenpaar bis zum Auflaufen auf den Spindelkopf durch die geometrischen Anordnungen und die Versuchsbedingungen festgelegt war, konnte durch vorsichte Veränderung der Geschwindigkeitsdifferenz zwischen Zulieferung und Abzug der Winkel, unter welchen der Faden den Spindelkopf umschlang, eingestellt werden. Durch Veränderung des Umschlingungswinkels ließ sich die Lage des Läufers relativ zum Spindelkopf beeinflussen und so einstellen, daß der Läufer stets genau vor einem horizontal durch den Spindelkopf gebohrten Kanal stand. Durch diesen Kanal wurde sein Bild auf ein im Spindelzentrum angebrachtes Prisma geworfen und von diesem nach oben reflektiert. Der Spindelkopf mit Prisma, Ring, Läufer und Fadenführung ist in Abb. 2 dargestellt. Der jeweilige Copdurchmesser wird durch den Durchmesser des Spindelkopfes dargestellt. Um verschiedene Copstärken simulieren zu können, war der Spindelkopf auswechselbar ausgeführt. Bei senkrechtem Blick von oben auf Ring und Spindel konnte also der Läufer in Draufsicht auf den Ring und gleichzeitig über Prisma und Sichtkanal in Seitenansicht im Spindelzentrum beobachtet werden. Ein Ausschnitt aus dem dabei entstehenden Bild ist in Abb. 3 dargestellt. Das Fenster in der Mitte des kleinen Kreises zeigt, über das Prisma gespiegelt, die Seitenansicht des ohrförmigen Läufers, dessen Draufsicht im rechten Bildteil erscheint. Durch die schwarze Fläche wird ein Teil des Spindelkopfes dargestellt. Der weiße Strich deutet den Verlauf des Kanales an, durch den das Bild des Läufers auf das Spiegelprisma gelangt, gleichzeitig diente er zur Markierung der jeweiligen Spindelstellung. Während des Betriebes wurde das Läuferverhalten senkrecht von oben durch die Hochfrequenz-Filmkamera Fastax gefilmt. Zur Beleuchtung des Bildfeldes diente eine mit der Kamera synchronisierte Hochfrequenz-Blitzlampe Strobokin, deren Licht durch einen schräggestellten Spiegel auf die zu filmende Anordnung geworfen wurde. Der aus mehreren, einzeln justierbaren Segmenten zusammengesetzte Spiegel hatte im Zentrum einen Durchbruch für den Faden und den Aufnahmeweg der Kamera.

Zusätzlich zu den Filmaufnahmen wurden mittels eines kapazitiven Kraftaufnehmers und fotografischer Registrierung des Oszillographen-Filmbildes hochauflösende Fadenzugkraftmessungen durchgeführt. Gleichzeitig wurde die jeweilige Fadengeschwindigkeit, die im Mittel bei 6 bis 8 m/min lag, die mittlere Fadenzugkraft sowie die Funktion der Filmkamera mit drei unabhängig voneinander arbeitenden Tintenschreibern registriert. Fadenzugkraftmessungen unmittelbar synchron mit den Filmaufnahmen waren nicht möglich, da die Hochfrequenz-Blitzlampe zu starke elektrische Störfelder erzeugte. Es wurde daher - durch ein Steuergerät koordiniert - zunächst die Fadenzugkraft gemessen und sofort anschließend gefilmt. In Abb. 4 ist ein Foto der gesamten Meßeinrichtung wiedergegeben.

4.3 Versuchsbedingungen

Da nicht an einer realen Spinnmaschine garbeitet werden konnte, mußten verschiedene Situationen ausgewählt werden, bei denen, unter sonst gleichbleibenden Bedingungen, die Drehbewegung der Spindel und die daraus resultierenden Bewegungen des Läufers erfaßbar waren.

4.31 Ring und Läufer

Die gesamte Durchführung des Vorhabens wurde in zwei große Serien aufgeteilt. Bei der ersten Serie fand ein T-förmiger Ring mit einem Durchmesser von 60 mm Verwendung. Die dabei eingesetzten C-flach-Läufer mußten den jeweiligen Versuchsbedingungen angepaßt werden. Der Läufernummerbereich erstreckte sich von 1/0 bis 7.

Im Zuge der zweiten Versuchsreihe wurde ein HZ-BS-Laced V-Ring eingesetzt, dessen Durchmesser 120 mm betrug. Auf ihm fanden Läufer mit der Nr. 25 und 30 Verwendung.

4.32 Garn

Es sollte, im Sinne der Aufgabenstellung, der systematische Einfluß der Versuchsparameter auf die Läuferbewegung erfaßt werden. Das bedeutet, daß zufällige Einflüsse möglichst auszuschalten waren. Hieraus folgerte, daß das verwendete Garn möglichst gleichmäßig sein mußte, denn Garnungleichmäßigkeiten beeinflussen maßgeblich die Form des jeweiligen Spinnballons, damit die am Läufer angreifenden Kräfte und so die Läuferlage. Es wurde deshalb mit multifilem Endlosmaterial gearbeitet. Das verwendete Perlongarn hatte die Feinheit 400 dtex f 100.

4.33 Betriebsdaten der Spindel

Spindelkopfdurchmesser, Ballonlänge und Spindeldrehzahl wurden variiert. Die überstrichenen Bereiche waren dabei den Ringdurchmessern angepaßt. Darüberhinaus war es möglich, durch Verschiebung des Ringes mit Hilfe eines über Mikrometerschrauben einstellbaren Kreuztisches die Zentrizität der Anordnung zu stören. Verschieden große Exzentrizitätswerte wurden eingestellt. Auch hierbei richteten sich die Maximalwerte nach den Ringdurchmessern. Eine Zusammenstellung der Betriebsdaten für diejenigen Versuche, die der weiteren Auswertung unterzogen wurden, ist, getrennt für beide Ringe, in den Tabellen 1 und 2 gegeben.

5. Versuchsauswertung

Je Messung fiel ein Film mit etwa 800 Einzelbildern der Größe 9,6 mm x 7,16 mm an. Dieser Film konnte mit Hilfe eines Projektors als Laufbild betrachtet werden, wobei die Läuferbewegung zeitlich auf das 100-fache bis 250-fache gedehnt wurde. Eine objektive Auswertung der Aufnahmen ist so jedoch nicht möglich. Um vergleichbare Ergebnisse zu erlangen, mußten die Bilder einzeln vermessen werden. Hierzu stand ein Filmauswertegerät Lytax-Analyser IV/16 zur Verfügung. Mit Hilfe dieses Gerätes war die Stillstandsprojektion der einzelnen Filmbilder und auf dem Schirmbild deren Ausmessung möglich. Das Gerät ist

auf Abb. 5 wiedergegeben. Beispielhaft für die Qualität der
auszumessenden Bilder zeigen die Abb. 6 für den T-förmigen
und die Abb. 7 für den HZ-Laced-Ring je ein aus den Filmen
herausvergrößertes Einzelbild.

Die zu bestimmenden Winkel sind in der Zeichnung Abb. 8 dargestellt. Für die weiteren Berechnungen wesentlich sind die
Winkeldifferenzen Sp-La und Sp-Li. Die erste Differenz gibt
an, um welchen Winkelbetrag der Läufer gegenüber der Spindel
vor- bzw. nacheilt. Durch diesen Winkel und seine zeitliche
Änderung wird die Bewegung des Läufers, bezogen auf die mit
der Spindel umlaufende Nullinie, beschrieben. Er wird mit
"Läufernacheilung" bezeichnet.

Die Differenz Sp-Li gibt an, wie weit der Läufer in der Seitenansicht von der Senkrechten, das ist gleichzeitig die Richtung
der Spindelachse, abweicht. Dieser Winkel wird "Schräglage"
genannt.

Aus auswertungstechnischen Gründen schien es zweckmäßig, die
beiden erwähnten Winkeldifferenzen nicht direkt zu messen,
sondern aus der Messung der drei Winkel Sp, La und Li, ausgehend von stets der gleichen, mit dem Ring stillstehenden
Nullmarke, rechnerisch zu bestimmen.

Je Versuch standen je nach Spindeldrehzahl und Aufnahmefrequenz für eine einzelne Spindelumdrehung etwa 20-60 Bilder
zur Verfügung. Da aus verschiedenen Gründen nicht immer alle
800 Einzelbilder eines Versuches brauchbar waren, sondern
gelegentlich eine Reihe von Bildern nicht ausgemessen werden
konnten, erfolgte eine Beschränkung auf jeweils 4 volle,
aneinander anschließende Spindelumdrehungen jedes Versuches.

5.1 Meßfehler

Im Gegensatz zu dem in Abb. 3 gezeigten Ausschnitt aus einem
Standfoto, das mit größerem Negativformat aufgenommen wurde,
zeigten die während der Versuche gefilmten Bilder (Abb. 6
und 7) gewisse Unschärfen. Diese führten dazu, daß bei der
Winkelmessung Fehler nicht vermieden werden konnten. Die
Größe dieser Fehler läßt sich nur schätzen. Sie ist in
Tabelle 3 angegeben. Zu den dort aufgeführten Unsicherheitsbereichen kommen Fehler, die durch optische Unzulänglichkeiten von Kamera und Auswertegerät bedingt sind,
Fehler bei der Messung von Drehzahlen und geometrischen
Größen und sonstige zufällige Einflüsse. Die teilweise sehr
weiten Fehlergrenzen machten naturgemäß einen erheblichen
Aufwand an Auswertearbeit erforderlich, da die zufälligen
Fehler von den systematischen Störungen der Läuferbewegung
möglichst scharf getrennt werden sollten.

5.2 Darstellung der Meßergebnisse

Es erschien zweckmäßig, die Meßergebnisse zunächst grafisch im rechtwinkligen Koordinatensystem darzustellen. In der Abszisse wurde der Drehwinkel der Spindel, der infolge der gleichmäßigen Spindelumdrehung mit dem Zeitablauf identisch ist, aufgetragen. Die Ordinate zeigt die aus den Einzelwinkeln errechneten Differenzen für die Läufernacheilung bzw. die Läuferschräglage. Die Abb. 9, 10 und 11 sind Beispiele der auf solche Weise entstandenen Diagramme. Dabei lassen sich deutlich grundsätzliche Unterschiede feststellen. Während in Abb. 9, in welcher die Läufernacheilung des Versuches 33 dargestellt ist, sich deutlich periodische Störungen aufzeigen, deren Ursache in der verwendeten Exzentrizität von 1,75 mm liegt, sind in Abb. 10 solche Störungen nur angedeutet erkennbar. Diese Abbildung zeigt gleichfalls die Läufernacheilung und zwar für den Versuch Nr. 32, bei dem mit zentrischer Spindel gearbeitet wurde. Das Diagramm weist jedoch eine andere Eigenart auf. Es ist, bis auf den letzten Teil der letzten Umdrehung, in den Meßwerten ein stetiger Abfall zu beobachten. Er entstand, weil die Länge des Fadenstückes zwischen Aufwindepunkt an der Spindel und Fadenführungsauge nicht konstant war, sondern sich kontinuierlich langsam veränderte. Das bewirkte eine langsame Veränderung der Nacheilung. Diese Erscheinung hat mit dem Laufverhalten nichts zu tun und stellt eine Störung des Versuchsablaufes dar. Sie trat nur bei der Läufernacheilung, nicht bei der Läuferschräglage auf und mußte im weiteren Verlauf der Auswertung eliminiert werden. Nach der Beseitigung des kontinuierlichen Trendes verblieb ein parallel zur Abszisse verlaufendes Band gewisser Breite, dem mehr oder weniger stark ausgebildete periodische Schwankungen überlagert waren. Nach Eliminierung der periodischen Anteile verblieb immer noch eine Reststörung.

Die Breite des Störbandes ist neben zufälligen nichtperiodischen Schwankungen in großem Maße eine Auswirkung der unvermeidbaren Meßfehler.

Mit dem Ziel, die große Anzahl der einzelnen Meßpunkte für jeden Versuch durch wenige Kennzahlen zu charakterisieren, wurden Methoden der mathematischen Statistik angewendet. Zunächst mußte der in Abb. 10 deutlich sichtbare Trend der Meßwerte korrigiert und im zweiten Schritt die den korrigierten Werten nach überlagerten periodischen Störungen ermittelt werden. Es wurden dabei nur solche Erscheinungen berücksichtigt, die sich mit jeder Spindelumdrehung wiederholten.

Die Abb. 11 zeigt besonders deutlich, wie ungünstig die Verhältnisse gelegentlich bei der Läuferschräglage waren. Obgleich mit Exzentrizität gearbeitet wurde, kommt die durch Winkelmeßfehler bedingte Störbreite von ca. $3,4°$ voll zum

Tragen und überdeckt die vermutlich vorhandene, andeutungsweise sichtbare Periodizität.

5.3 Rechnerische Auswertung
5.31 Die Läufernacheilung
5.311 Lineare Regression

Ein kontinuierlich über alle vier ausgewerteten Umdrehungen sichtbarer Abfall oder Anstieg der Meßwerte von Sp-La wurde mit Hilfe der linearen Regressionsrechnung ermittelt. Es ließen sich so die Parameter a_1 und b_1 der nachstehenden Geradengleichung bestimmen:

$$Sp - La = a_1 + b_1 (Sp + n \cdot 360) \pm q_1$$

Naturgemäß war die Güte der Regressionsrechnung in allen Fällen gering, d.h., das Reststreuband q_1, das ja die noch zu ermittelnden periodischen Störungen beinhaltet, groß.

Mit dem Steigungsfaktor b_1 ließ sich die zu jeder Spindelstellung gehörende Korrektur errechnen, die vom jeweiligen Meßwert subtrahiert werden mußte, um zu einem trendfreien korrigierten Wert zu gelangen.

5.312 Sinusfunktion

Zur weiteren Charakterisierung der Läuferbewegung bei Nacheilung und Schräglage wurde angenommen, daß eine periodische Störung, die sich mit jeder Spindelumdrehung wiederholt, weitgehend sinusförmigen Verlauf haben muß. Die korrigierten Meßwerte für die Läufernacheilung müßten in diesem Falle Punkte der Funktion

$$(Sp - La)_{korr.} = a_2 + b_2 \cdot \sin(Sp + \alpha)$$

sein. Naturgemäß kann das nicht exakt zutreffen, sondern insbesondere wegen der unvermeidlichen Meßfehler und der sonstigen Störungen unbekannter Ursache wird eine Reststreuung verbleiben. Die Regressionsfunktion lautet dann:

$$(Sp - La)_{korr.} = a_2 + b_2 \cdot \sin(Sp + \alpha) \pm q_2$$

Die Sinus-Regression mußte für jeden Versuch so oft wiederholt werden, bis diejenige Phasenlage gefunden war, bei der die Breite des Reststreubandes ihr Minimum erreichte.

Die auf diese Weise errechneten Werte sind in der Tabelle 4 für C-flach-Läufer und in Tabelle 5 für HZ-Läufer dargestellt. Die Werte a_2 dieser Tabellen geben im Gradmaß die Mittellage des Läufers gegenüber der Marke auf dem Spindelkopf an. Sie stellte sich zufällig ein und ist für die weiteren Betrachtungen bedeutungslos. Gegenüber dieser Mittellage bewegte sich der Läufer, periodisch mit der Spindelumdrehung, um den Winkelbetrag der Amplitude b_2 vor und zurück. Der gesamte Schwingungsweg erstreckte sich dabei über einen Bogen von $2 \cdot b_2$ im Gradmaß. Im Zuge eines Umlaufes überschritt der Läufer dabei 2 mal die Mittellage a_2.

Der Phasenwinkel bestimmt denjenigen Ort des Läuferdurchganges durch die Mittellage, bezogen auf den Ring, bei welchem die Amplitude b_2 sich verkleinert, der Läufer also beschleunigt wird. In dieser Situation ist die momentane Läufergeschwindigkeit gleich der mittleren Geschwindigkeit.

Durch die drei vorgenannten Zahlenwerte läßt sich ein Teil der Breite des Bandes, innerhalb dessen die Meßwerte der Läufernacheilung streuen, durch periodische Vorgänge erläutern.

Dennoch bleibt ein Reststreuband, dessen Breite bei einer statistischen Sicherheit von 99 % $2.q_2$ beträgt. Die Tatsache, daß eine Reststreuung vorhanden ist, bedeutet, daß der Regressionsansatz nicht optimal war. Er konnte eine Reihe von Störeinflüßen nicht erfassen. Dazu gehören in jedem Falle die Meßfehler (s. Abs. 4.11), außerdem weitere zufällige Störungen des Bewegungsablaufes. Auch ist denkbar, daß nicht ein Sinusansatz mit der Frequenz der Spindelumdrehung, sondern ein anderer Regressionsansatz besser gewesen wäre. Die subjektive Beurteilung der Meßpunkte nach der Trendkorrektur schloß diese Möglichkeit jedoch weitgehend aus.

Die Güte der Regressionsrechnung wird durch die Bestimmtheit B_2 gekennzeichnet. Dieser Wert gibt an, welcher Prozentsatz der ursprünglichen Streuung durch den Regressionsansatz erklärt wurde. Beim Vergleich der Bestimmtheitswerte B_2 mit den Amplituden b_2 läßt sich ein loser Zusammenhang erkennen, in dem Sinne, daß zu großen Amplituden höhere Bestimmtheiten gehören. Die Ursache dafür liegt darin, daß kleine Amplituden der systematischen Störung gegenüber der zufälligen Reststreuung nur mit geringerer Sicherheit erkennbar sind. Diese Erkennbarkeit ist bei den HZ-Läufern besser als bei den C-flach-Läufern, da bei diesen die Meßunsicherheit höher lag. Abb. 12 gibt diesen Zusammenhang durch Darstellung der Regressionsgeraden zwischen Amplitude b_2 und Bestimmtheit B_2 für beide Läufertypen wieder.

5.32 Läuferschräglage

Die Meßfehler bei der Ermittlung der Läuferschräglage sind erheblich größer als bei der Läufernacheilung. Ein Trend, wie bei der Läufernacheilung, ist dagegen nicht festzustellen. Allerdings war die Ursache des Trends, d.h. eine der Spindeldrehung gegenüber kontinuierliche Verschiebung des Läufers, auch für die Bestimmung der Läuferschräglage insofern hinderlich, als der Läufer aus dem Spiegelbild im Spindelzentrum seitlich auswanderte und dann nicht mehr vermessen werden konnte. Eine weitere Behinderung ergab sich dann, wenn die sinusförmige Vor- und Rückbewegung des Läufers gegenüber der Spindel eine große Amplitude hatte. Hier konnte es ebenfalls vorkommen, daß der Läufer aus dem Abbildungsbereich des Prismas austrat. Beide Erscheinungen, d.h. das zeitweilige Fehlen des Läufers im Bild und die große Störbandbreite führten dazu, daß bei der Darstellung der Meßwerte über dem Spindelweg gelegentlich Bereiche ausgelassen werden mußten. Dadurch wurde die Anwendung der mathematischen Regressionsrechnung unmöglich. Die Auswertung dieser Versuche erfolgte durch Anwendung eines modifizierten Verfahrens, das aus der Verbindung einer subjektiven Methode mit der Anwendung des Averaging-Prinzips bestand.

5.321 Subjektive Beurteilung

Die Meßpunkte der Läuferschräglage wurden, getrennt für jede Spindelumdrehung, über dem Drehwinkel aufgetragen und in den Punkthaufen, ohne Ansehung der Punkte der übrigen drei Spindelumdrehungen, eine geschätzte Sinuskurve eingetragen. Diese hatte entweder die gleiche Frequenz wie die Spindelumdrehung oder wiederholte sich je Umdrehung öfter.

5.322 Averaging

Den subjektiv ermittelten Sinuskurven der vier Umdrehungen wurden zu $5°$ Winkelschritten der Spindelumdrehung gehörende Ordinatenwerte entnommen. Es standen danach für jede Spindelstellung vier Werte des Sinus-Verlaufes zur Verfügung, deren Mittelwert als charakteristisch für alle vier Umdrehungen gemeinsam angesehen wurde. Aus diesen Mittelwerten konnte wiederum eine Sinuskurve gezeichnet werden, deren Mittelwert, Amplitude und Phasenlage Informationen über die Läuferschräglage und ihre Veränderungen mit der Spindelumdrehung enthält. Gegenüber den für die rechnerische Auswertung der Läufernacheilung eingesetzten statistischen Verfahren hat diese, zum überwiegenden Teil auf subjektiven Schätzungen beruhende Methode eine erheblich kleinere Trennschärfe, d.h., die mit ihrer Hilfe erzielten Daten sind von geringerer Güte. Es dürfte zweckmäßig sein, den so erwähnten ermittelten Werten weniger quantitative als qualitative Bedeutung beizumessen. Insbesondere ist es nicht möglich, Angaben über die Qualität dieser Auswertung, etwa dem Bestimmtheitsmaß der Regressionsrechnung entsprechend, zu machen.

Die Tabelle 6 und 7 geben eine Zusammenfassung der für die Läuferschräglage beim C-flach-Läufer und beim HZ-Läufer erarbeiteten Ergebnisse.

Der Mittelwert a_2 sagt aus, welcher Winkel zwischen der Vertikalen (Richtung der Spindelachse) und dem Läuferschenkel bei Projektion auf eine die Spindel konzentrisch umschließende Zylinderfläche eingeschlossen wird. Das positive Vorzeichen steht bei Voreilung des Fadenangriffspunktes am Läufer gegenüber dem frei hängenden Füßchen in Laufrichtung. Um diesen Mittelwert schwankt die momentane Schräglage mit einer Breite von $\pm b_2$. Die Phasenlage gibt auch hier die Position der Spindel an, bei welcher die positive Amplitude zum negativen Wert übergeht. Für den Fall, daß die Wiederholungsfrequenz der Läuferpendelung um seine mittlere Schräglage ein Vielfaches der Spindelfrequenz ist - der Faktor f macht die entsprechende Aussage - wird der kleinste Phasenwinkel angegeben.

6. Beurteilung und Vergleich der Meßergebnisse

Die in den Tabellen 4-7 zusammengefaßten Daten beziehen sich jeweils auf einen Versuch, der bei Konstanthaltung der in den Tabellen 1 und 2 wiedergegebenen Parameter gefahren wurde. Nicht alle der errechneten Werte sind von technologischer Bedeutung. Das gilt, bezüglich der Läufernacheilung, vom Mittelwert a_2 und der Phase α. Die Amplitude der Läufernacheilung dagegen ist von Wichtigkeit. Sie gibt an, um welchen Winkelbetrag der Läufer sich gegenüber der gleichmäßig rotierenden Spindel vor und zurück bewegt, d.h., sie ist ein Maß für die periodischen Schwankungen der Läufergeschwindigkeit. Im engen Zusammenhang damit stehen Beschleunigungen und Verzögerungen und die damit verbundenen Kräfte, welche den Faden belasten. Darüberhinaus werden durch Geschwindigkeitsschwankungen des Läufers Änderungen der Zentrifugalkraft, welche ihn an den Ring anpreßt, und damit Schwankungen der Reibungskräfte zwischen Ring und Läufer hervorgerufen. Auch diese wirken sich auf die Zugkräfte im Faden aus.

Es ist also wichtig, den Einfluß der Spinnparameter auf die Schwankungsamplitude der Läufernacheilung und somit auf die in ihrer Folge auftretenden Fadenzugkraftschwankungen zu kennen. Durch Einsatz von 4-fach Regressionsrechnungen sollte ergründet werden, wie die unabhängig vorgegebenen Versuchsparameter die davon abhängige Schwankungsamplitude der Nacheilung verändern.

Eine große Läuferschräglage bringt die Gefahr einer Läuferverklemmung, damit ansteigende Reibung zwischen Ring und Läufer und somit einer höheren Fadenbelastung mit sich. Sowohl der Mittelwert der Schräglage wie auch die Schwankungsamplitude sind hierauf von Einfluß. Die Zusammenfassung der Versuchsergebnisse wurde deshalb in gleicher Weise wie für die Schwankungsamplitude der Läufernacheilung sowohl für den Mittelwert wie für die Schwankungsamplitude der Schräglage durchgeführt.

In allen Fällen gelten die durch Regressionsrechnungen ermittelten Erkenntnisse nur innerhalb der durch Variation der Einflußgrößen tatsächlich erfaßten Bereiche. Extrapolationen sind nicht zulässig.

6.1 C-flach-Läufer

Die im vorstehenden Absatz beschriebenen Regressionsrechnungen brachten für den C-flach-Läufer folgende Ergebnisse:

A) Schwankungsamplitude der Nacheilung

$$b_2 = 1,38 + 0,0067\,K - 0,0025\,H + 0,00009\,U + 0,28\,E \pm 0,41\ [°]$$

B) Mittelwert der Läuferschräglage

$$a_2 = 14,00 + 0,00628\,K - 0,0101\,H - 0,00021\,U - 1,78\,E \pm 1,21\ [°]$$

C) Schwankungsamplitude der Schräglage

$$b_2 = 3,78 + 0,0054\,K - 0,0033\,H - 0,00007\,U - 0,34\,E \pm 0,38\ [°]$$

In Tabelle 8 sind diese Zusammenhänge in eine etwas leichter überschaubare Form gebracht. Es ist zunächst in der oberen Zeile der Mittelwert und der Variationsbereich jedes der vier Parameter: Kopfdurchmesser, Ballonlänge, Drehzahl und Exzentrizität, angegeben. Die darunterliegenden drei Tabellenabschnitte geben für die abhängig Veränderlichen, d.h. für die Schwankungsamplitude der Nacheilung, die mittlere Läuferschräglage und die Schwankungsamplitude der Läuferschräglage, die prozentualen Einflüsse der einzelnen Parameter wieder.

In der oberen Zeile jedes Abschnittes ist für die jeweiligen Veränderlichen in der ersten Spalte ein Mittelwert angegeben, der sich aus der Regressionsformel beim Einsetzen der Mittelwerte aller Spinnparameter ergibt. Aus den weiteren Spalten läßt sich, für jeden Parameter, die prozentuale Veränderung dieses Mittelwertes bei Variation dieses Parameters über den vollen, im Tabellenkopf angegebenen Bereich ablesen, wobei vorausgesetzt ist, daß die drei übrigen Parameter jeweils auf ihren Mittelwert eingestellt sind. Diese Prozentwerte sind in der darunterliegenden Zeile durch die prozentuale Variationsbreite des Parameters dividiert, so daß sich ablesen läßt, wie groß die prozentuale Veränderung der abhängig Veränderlichen bei einer Parameterveränderung von $\pm$ 1 % ist.

Auch bei diesen Rechnungen ergibt sich naturgemäß eine Unsicherheit, deren Größe in der letzten Spalte der Tabelle angegeben ist. Sie ist so groß, daß sie die Einflüsse des Kopfdurchmessers, der Drehzahl und der Exzentrizität in allen drei Fällen überdeckt, so daß nur eine Veränderung der Ballonlänge über den ganzen erfaßten Bereich zu Einflüssen führt, die die zufälligen Einflüsse erkennbar überschreiten. Das gilt dann, wenn der Kopfdurchmesser, die Drehzahl und die Exzentrizität auf ihren mittleren Wert eingestellt sind. Werden diese zusätzlich variiert, so können sich beträchtliche Beeinflussungen der betrachteten abhängig Veränderlichen ergeben.

An zweiter Stelle bezüglich der Größe des Einflusses auf die Laufunregelmäßigkeiten steht die Exzentrizität. Besonders deutlich wird das bei der mittleren Läuferschräglage.

6.2 HZ-Läufer

Es wurden die nachstehenden Regressionswerte ermittelt:

A) Schwankungsamplitude der Nacheilung

$$b_2 = 2{,}00 - 0{,}0087\,K - 0{,}0028\,H + 0{,}00002\,U + 0{,}39\,E \pm 0{,}38\;[°]$$

B) Mittlere Läuferschräglage

$$a_2 = 5{,}94 + 0{,}090\,K - 0{,}0034\,H + 0{,}00050\,U + 0{,}16\,E \pm 1{,}38\;[°]$$

C) Schwankungsamplitude der Schräglage

$$b_2 = 9{,}15 - 0{,}0109\,K - 0{,}0077\,H - 0{,}00070\,U + 0{,}40\,E \pm 0{,}69\;[°]$$

In Tabelle 9 sind, in gleicher Weise wie für den C-Flachläufer in Tabelle 8, diese Formeln interpretiert. Es zeigt sich, daß die Variation der Exzentrizität die Schwankungsamplitude der Nacheilung sehr stark, die Unsicherheit deutlich überschreitend, verändert. Die Auswirkung der Drehzahländerung ist nur gering, Ballonlänge und Kopfdurchmesser sind von stärkerer Wirkung.

Die mittlere Läuferschräglage ist stark vom jeweiligen Spulendurchmesser (Kopfdurchmesser) abhängig. Sie reagiert auf Veränderungen der übrigen Parameter nur schwach. Die Schwankung der Schräglage wird von der Ballonlänge stark beeinflußt. Die übrigen Einflußgrößen machen sich ebenfalls deutlich bemerkbar.

6.3 Vergleich

Die Empfindlichkeit, mit welcher beide Läufertypen auf Veränderung der Spinnparameter durch Unregelmäßigkeiten im Laufverhalten reagieren, läßt sich vergleichen, wenn die in den Tabellen 8 und 9 angegebenen auf Grund einer 1%igen Parameteränderung erfolgenden Veränderungen der abhängig Veränderlichen betrachtet werden.

Die Schwankungsamplitude der Nacheilung des HZ-Läufers reagiert auf alle Einflüsse, mit Ausnahme der Drehzahl, stärker als diejenige des C-flach-Läufer. Besonders deutlich tritt das beim Spulendurchmesser und bei der Exzentrizität hervor. Auch bezüglich der Schwankungsamplitude der Schräglage reagiert der HZ-Läufer empfindlicher als der C-förmige Läufer, besonders deutlich erkennbar beim Kopfdurchmesser und der Drehzahl.

Die Läuferschräglage selbst ist nicht unbedingt als Störung des ordnungsgemäßen Ablaufes zu betrachten, sie kann jedoch, insbesondere im Zusammenhang mit der Schwankungsamplitude, zu schädlichen Momentanwerten führen. Unter diesem Gesichtspunkt ist auch die Größe des Mittelwertes der Schräglage wichtig. Sie reagiert beim C-flach-Läufer auf die Ballonlänge und die Exzentrizität deutlicher als beim HZ-Läufer. Der Drehzahleinfluß ist bei beiden Typen etwa gleich, der Kopfdurchmesser bewirkt eine etwas größere Veränderung der Läuferschräglage beim HZ-Läufer als beim C-flach-Läufer.

Es kann zusammengefaßt werden, daß die Laufunruhen des HZ-Läufers sich durch Variation der Spinnparameter Spulendurchmesser, Ballonlänge, Drehzahl und Exzentrizität stärker beeinflussen lassen als das beim C-flach-Läufer der Fall ist.

7. Die Auswirkungen der Bewegungsungleichmäßigkeit

Die für die Läuferbewegung erforderliche Antriebskraft wird von der Spindel durch das Fadenstück zwischen Spule und Läufer auf diesen übertragen. Die dort wirkende Kraft steht im Gleichgewicht mit den am Läufer angreifenden Reibungskräften und der Ballonkraft. Dieser Gleichgewichtszustand ändert sich fortwährend infolge der für die Spulenbildung erforderlichen Ringbankbewegung und den damit zusammenhängenden Änderungen der Fadenrichtung und der Läufergeschwindigkeit. Die Geschwindigkeitsänderungen gehen dabei so langsam vor sich, daß nennenswerte Beschleunigungskräfte nicht auftreten. Anders ist das bei Geschwindigkeitsänderung, die infolge der in den vorstehenden Kapiteln betrachteten Laufunregelmäßigkeiten entstehen. Ihre Größe und die Größe der sie verursachenden Kräfte läßt sich berechnen. Auch diese Kräfte beanspruchen den Faden.

7.1 Der Läuferweg

Die folgenden Betrachtungen beziehen sich auf die Verhältnisse am Läuferprüfstand, bei welchem kein Spulenaufbau stattfindet. Sie gelten jedoch genauso für die reale Spindel, wenn Zeiträume betrachtet werden, während derer sich die Spinnparameter nur unwesentlich ändern. In diesem Falle muß jedoch anstelle der Spindeldrehzahl die infolge des Fadenaufwindevorgangs etwas kleinere Läuferumlaufzahl gesetzt werden.

Die Spindel führt eine gleichförmige Drehbewegung aus, bei welcher sich der zurückgelegte Winkelweg im Bogenmaß aus

$$Sp = \frac{\pi}{30} \cdot U \cdot t$$

berechnen läßt.

In Kapitel 4.312 wurde dargelegt, daß die Relativbewegung des Läufers zur Spindel für den Fall, daß sinusförmige Störungen vorliegen, die sich mit jedem Läuferumlauf in konstanter Phasenlage wiederholen, durch:

$$Sp - La = a_2 + b_2 \cdot \sin(Sp + \alpha)$$

dargestellt werden kann.

Daraus ergibt sich für den Winkelweg des Läufers im Bogenmaß:

$$La = \frac{\pi}{30} \cdot U \cdot t - a_2 \frac{\pi}{180} - b_2 \cdot \frac{\pi}{180} \cdot \sin\left(\frac{\pi}{30} \cdot U \cdot t + \alpha \cdot \frac{\pi}{180}\right)$$

und, nach Einführung des Ringradius, für den Läuferweg:

$$s_L = \frac{\pi}{30} \cdot U \cdot r \cdot t - a_2 \cdot r \cdot \frac{\pi}{180} - b_2 \cdot r \frac{\pi}{180} \cdot \sin\left(\frac{\pi}{30} \cdot U \cdot t + \alpha \frac{\pi}{180}\right) [m]$$

7.2 Die Läufergeschwindigkeit

Aus der Zeitfunktion des Läuferweges läßt sich durch Differenzieren die Läufergeschwindigkeit und deren zeitliche Veränderung bestimmen.

$$v_L = \frac{\pi}{30} \cdot U \cdot r - b_2 \cdot \frac{\pi^2}{5400} \cdot U \cdot r \cdot \cos\left(\frac{\pi}{30} \cdot U \cdot t + \alpha \cdot \frac{\pi}{180}\right) \quad [m/s]$$

Dieser Ausdruck gliedert sich in zwei Teile. Der erste, zeitunabhängige, stellt die gleichförmige Grundgeschwindigkeit des Läufers auf seiner Bahn dar. Der zweite Teil der Funktion gibt die periodische Störung wieder.

7.3 Die Läuferbeschleunigung

Die Ungleichförmigkeit der Bahngeschwindigkeit des Läufers wird durch Beschleunigungen und Verzögerungen verursacht, deren Größe sich aus der Geschwindigkeitsfunktion errechnen läßt

$$w = b_2 \cdot \frac{\pi^3}{162000} \cdot U^2 \cdot r \cdot \sin\left(\frac{\pi}{30} \cdot U \cdot t + \alpha \frac{\pi}{180}\right) \; [m/s^2]$$

Das Vorzeichen dieses Ausdruckes ändert sich während jedes Umlaufes zweimal, so daß ein Halbkreis des Läuferweges mit einer beschleunigten, der andere mit einer verzögerten Bewegung durchlaufen wird.

Da im weiteren Verlauf der Übergang zu den Fadenkräften aufgezeigt werden soll, bei welchen nur die Maximalwerte von technologischer Bedeutung sind, interessieren auch nur die Extremwerte der Beschleunigung. Die Winkelfunktion soll aus diesem Grunde gleich ± 1 gesetzt werden. Dann ergibt sich

$$w_{extr.} = \pm b_2 \cdot \frac{\pi^3}{162000} \cdot U^2 \cdot r \; [m/s^2]$$

Bei konstanter Spindeldrehzahl und gleichbleibendem Ringdurchmesser sind die dem Läufer aufgeprägten Beschleunigungen und Verzögerungen also nur vom Faktor b_2, der experimentell bestimmt wurde, abhängig.

7.4 Die Kräfte

Um den massebehafteten Läufer beschleunigen zu können, müssen Kräfte auf ihn einwirken. Die wichtigste, den Läufer vorantreibende Kraft wird vom Fadenstück zwischen Läufer und Aufwindepunkt auf der Spindel übertragen. Dieser Vortriebskraft wirken zwei andere Kräfte entgegen die ebenfalls am Läufer angreifen. Das ist zunächst die Läuferreibung, hervorgerufen durch die zentrifugale Anpressung an den Ring und den Luftwiderstand. Die zweite, ebenfalls bremsende Kraft ist der Fadenzug des Ballons, dessen Ursprung im Luftwiderstand, den der Fadenballon findet, und in den Zentrifugalkräften, die an den einzelnen Fadenelementen des Ballons angreifen, liegt.

Im Zuge der vorliegenden Abhandlung sollen nur diejenigen Fadenzugkraftanteile untersucht werden, die für die Beschleunigung der Läufermasse erforderlich sind. Die Größe und die zeitliche Veränderung von Reibungs- und Zentrifugalkräften an Läufer und Ballon bleiben außer Betracht.

Während die Momentanbewegung des Läufers in Richtung der
Tangente an den Ring verläuft, ist der Fadenzug in das Ring-
innere gerichtet. Die Tangentialkraft ist somit eine Kom-
ponente des Fadenzuges zur Spindel.

Die zur Läuferbeschleunigung erforderliche Tangentialkraft
läßt sich berechnen aus

$$W_{max} = M \cdot b_2 \cdot \frac{\pi^3}{1620} \cdot U^2 \cdot r \quad [cN]$$

woraus sich der zur Läuferbeschleunigung erforderliche An-
teil der Fadenzugkraft ergibt mit

$$F_{max} = \frac{W_{max}}{\cos \gamma} \quad [cN]$$

Für die verschiedenen Kombinationen der Versuchsparameter
(Tabellen 1 und 2) wurden diese Fadenzugkraftanteile berechnet.
Sie sind in den Tabellen 10 und 11 zusammengestellt. Tabelle 11
enthält zusätzlich die oberhalb des Fadenführungsauges gemessenen
Fadenzugkräfte, die sich aus einem Mittelwert und einer über-
lagerten periodischen Störung zusammensetzen. Die Störung hat
in etwa sinusförmigen Verlauf und wiederholt sich mit jedem
Spindelumlauf.

Die Auswertungen zeigen, daß eine Beschleunigung der Läuferbewegung im Fadenstück zwischen Läufer und Spindel beim
C-flach-Läufer zu wesentlich höheren Zugkraftanteilen führt
als beim HZ-Läufer, bei welchem der höchste festgestellte Wert
6,2 cN betrug. Beim C-flach-Läufer ist der entsprechende Wert
21,6 cN, ein Betrag, der für sich allein sicherlich unschäd-
lich ist, als additive Größe zur allerdings unbekannten Grund-
belastung aber durchaus einen Fadenbruch verursachen kann.
Schon während der Versuchsdurchführung kam es insbesondere
beim C-flach-Läufer häufig zu Laufschwierigkeiten und Faden-
brüchen, die sich nur durch Übergang auf ein anderes Läuferge-
wicht beherrschen ließen.

8. Einfluß der Spinnparameter auf die Kräfte

Um zu erkennen, welchen Einfluß die Spinnparameter auf die
im vorstehenden Abschnitt beschriebenen Kräfte haben, wurden
für die jeweils eingesetzten Größen der Exzentrizität, des
Kopfdurchmessers, der Ballonlänge und der Spindeldrehzahl
Mittelwerte gebildet und in Tabelle 12 zusammengestellt.

Die für die Läuferbeschleunigung erforderlichen Kraftspitzen gehen in den Fadenzug zwischen Läufer und Spindel beim C-flach-Läufer für eine Exzentrizität von 0,86 mm mit dem höchsten Wert ein, während sowohl größere als auch kleinere Exzentrizitäten niedrigere Zugkraftspitzen verursachen. Der Grund hierfür könnte in den, für eine ordnungsgemäße Versuchsdurchführung erforderlichen, unterschiedlichen Läufergewichten, die zum Einsatz kamen, liegen. Beim HZ-Läufer waren derartige Wechsel weit seltener erforderlich, hier korreliert die Höhe der Beschleunigungsspitzen gut mit der Größe der Exzentrizität. Allerdings setzt sich diese Übereinstimmung nicht im gleichem Maße über den Ballon bis oberhalb des Fadenführungsauges fort. Es liegt ein Balloneinfluß vor.

Der Kopfdurchmesser, dem bei der realen Spindel der Aufwindedurchmesser entspricht, ist auf die Höhe der Beschleunigungsspitzen von geringerem (C-flach) bis keinem (HZ) Einfluß, obgleich die Schwankungsamplitude der Nacheilung b bei beiden Läufern deutlich vom Kopfdurchmesser abhängt (Tabellen 8 und 9). Der gemessene Fadenzug zeigt beim HZ-Läufer einen geringen Abfall der Spitzen mit größer werdendem Kopfdurchmesser.

Durch eine Vergrößerung des Abstandes zwischen Ringebene und Fadenführungsauge, hier Ballonlänge genannt, wird eine Verminderung der Spitzen bei beiden Läufertypen bewirkt. Der dämpfende Einfluß des Ballons, der schon bei der Betrachtung des Einflusses der Exzentrizität auf die Schwankungen der gemessenen Zugkraft erkennbar war, setzt sich also auch in Fadenlaufrichtung bis in die Aufwindespannung fort, und zwar um so deutlicher, je größer die Ballonlänge ist. Andererseits gibt es jedoch offenbar Störungen, die im Ballon entstehen und sich ebenfalls, über eine Störung der an sich gleichförmigen Läufergeschwindigkeit, bis in die Aufwindespannung hinein auswirken. Diese Ballonstörungen oder Einflüsse, welche von eventuellen Unterschieden in der Laufbahn auf dem Ring verursacht werden, bewirken beispielsweise das Auftreten von Zugkraftspitzen auch dann, wenn keine Ring/Spindel-Exzentrizitäten vorliegen.

Die mittleren Fadenzugkräfte oberhalb des Fadenführungsauges, die in augenfälliger Weise weder auf eine Veränderung der Exzentrizität noch des Kopfdurchmessers reagierten, werden von der Ballonlänge deutlich beeinflußt. Der längere und damit weiter ausschwingende Ballon führt durch die größeren Fliehkräfte zu höherem Fadenzug.

Die Spindeldrehzahl ist auf alle in Tabelle 12 angegebenen Kräfte von Einfluß. Sie steigen mit höherer Umdrehungszahl. Relativ am geringsten ist der Drehzahleinfluß auf die Größe der Spannungsspitzen oberhalb des Fadenführungsauges. Auch hier macht sich der dämpfende Balloneinfluß bemerkbar.

9. Zusammenfassung

Bei Variation der Spinnparameter Aufwindedurchmesser, Ballonlänge, Spindeldrehzahl und Spindelexzentrizität wurde die Bewegung von C-flach- und HZ-Läufern auf der Ringbahn HF-kinematografisch erfaßt. Die Einzelbildauswertung führte zu Angaben über die Größe der periodischen Störungen der Läuferbewegung. Dabei wurde die Relativbewegung des Läufers gegenüber der Spindel in der Ringebene und die Neigung des Läufers gegen die Vertikale betrachtet.

Aus der Ungleichförmigkeit der Läuferbewegung wurde, über Geschwindigkeit und Beschleunigung, auf die erforderlichen Kräfte und deren Komponenten in Richtung der Aufwindezugkraft geschlossen. Der Einfluß von Veränderungen der Spinnparameter auf diese Anteile der Aufwindekraft und, im Falle des HZ-Läufers, auf den Fadenzug oberhalb des Fadenführungsauges wurde diskutiert.

Es wurde nachgewiesen, in welcher Weise Spindelexzentrizitäten Fadenzugkraftschwankungen am Läufer verursachen, daß diese Schwankungen durch Balloneinflüsse deutlich gedämpft werden, daß aber andererseits ähnliche Schwankungen über den Ballon selbst entstehen können.

Um einen möglichst ruhigen, ungestörten Zugkraftverlauf zu erreichen, muß demnach nicht nur die Spindel exakt zentriert sein, sondern darüber hinaus sollte jede Unsymmetrie im Fadenbereich weitgehend vermieden werden.

10. Literatur

1. H. Fuchs, H. Schwartz — Ringe und Läufer in Spinnerei und Zwirnerei
   Teil 1: Int. Text.Bull. 3, 1970 Ausg. Spinnerei, S. 261
   Teil 2: Int.Text.Bull. 3, 1973 Ausg. Spinnerei, S. 235

2. H. Stein — Meßtechnische Untersuchungen über den Einfluß der Erwärmung des Spinn- bzw. Zwirnläufers auf das Fadenmaterial
   Zeitschr. ges. Textilind. **68** (1966), S. 656

3. P. Grosberg, J. Mølgaard — The Dry Wear of Steel, in Relation to Spinning Traveller Wear
   J. Text. Inst. **59** (1968), S. 89

4. P. Grosberg, A.B. Mc Namara, J. Mølgaard — The Performance of Ring Travellers
   J. Text. Inst. **56** (1965), S.T 24

5. P.F. Grishin — Fundamentals of Spinning Ring Development
   Whitin Rev., Sept. 1968 und Fortsetzungen

6. H. Stein — Beobachtungen und meßtechnische Erfassung der Vorgänge im Spinn- und Aufwindefeld von Ringspinn- und Ringzwirnmaschinen
   Forschungsbericht Nr. 378 des Landes NRW (1957)

7. O. König, H. Herdtle — Untersuchungen über das Laufverhalten der Ringläufer auf den Spinnringen der Baumwollringspinnmaschinen
   Text.Praxis **15** (1960), S. 453

8. H. Reumuth, A. Neunkirchner — Normale und hochfrequenzkinematographische Analyse des Spinnvorganges
   Zeitschrift f.d.ges. Textilind. **65** (1963), S. 435

9. R. Schwab — Die Fadenspannung im Ringspinnprozeß
   Melliand Textilber. **51** (1970), S. 1256

10. W. Nutter
    W. Slater — A Critical Assessment of Recent Progress in the Technology of Cotton Spinning
    J. Text. Inst. **56** (1965), Transactions Heft 1

11. St. Fürst — Leistungsgrenzen von Ringen und Ringläufern
    Text. Praxis **14** (1959), S. 656

12. Anonym — Frage 2646 - Ringläuferwechsel
    Text. Praxis **27** (1972), S. 729

13. H. Stein — Geschwindigkeitsgrenzen beim Spinnen und Zwirnen
    Text. Praxis **22** (1967), S. 36, 89

14. M. Hakki
    A.P. Singh Sawhney
    M. Costales — (Rotierender Ring an einer Ringspinnmaschine)
    Text. Res. 7. **42** (1972), S. 326

15. H. Burghardt — Einsatz von Nylon Läufern auf Sintermetallringen auch bei Baumwoll- und Mischgarnen
    Melliand Textilber. **54** (1973), S. 1012

16. H. Stein — Ringe und Ringläufer
    Text. Praxis **11** (1956), S. 771

17. A. Garde
    H. Rottmayr — Über die Fadenspannungsverhältnisse an der Baumwoll-Ringspinnmaschine
    Melliand Textilber. **49** (1968), S. 879

18. H. Stein — Spinnen und Zwirnen mit reduzierter Fadenspannung
    Melliand Textilber. **44** (1963), S. 348, 448

19. O. Becker — Messung des Fadenzuges beim Ringzwirnen. Mittelwerte und kurze Spitzen

    Zeitschr. ges. Textilind. <u>65</u> (1963), S. 514

20. O. Becker
    A. Erkens
    A. Neunkirchner
    W. Stein
    — Ballonausweitung und Fadenzugkraft beim Ringspinnprozeß

    Zeitschr. ges. Textilind. <u>71</u> (1969), S. 839

21. D. Günther — Der Einfluß der Exzentrizität des Ringes gegenüber der Spindel auf die Fadenspannung

    Dtsch. Textiltechnik <u>20</u> (1970), S. 622

22. H. Stein — Meßtechnische Untersuchungen rasch verlaufender Bewegungsvorgänge

    Zeitschr. ges. Textilind. <u>66</u> (1964), S. 270

23. H. Stein — Einsatz der Hochfrequenz-Kinematographie zur Erforschung des Spinnvorganges

    Melliand Textilber. <u>46</u> (1965), S. 783

24. H. Frechinger — Kurzzeitfotografie und Hochfrequenzkinematografie als Prüf- und Forschungsmethoden der Textiltechnologie

    Spinner, Weber, Textilveredlung <u>81</u> (1963), S. 542

25. G.A.J. Orchard,
    R.A. Barker
    — Application of High-Speed Photographie to Textile Problems

    The Journal of Photographic Science <u>5</u> (1957), S.P 126

11. Verwendete Formelzeichen

a_1	Ordinatenabschnitt der Regressionsgeraden
a_2	Mittelwert der Sinusregression
B_1	Bestimmtheitsmaß der linearen Regression
B_2	Bestimmtheitsmaß der Sinusregression
b_1	Steigung der Regressionsgeraden
b_2	Amplitude der Sinusregression
E	Exzentrizität der Spindel im Ring
F	Maximalwert der Läuferbeschleunigungskraft in Fadenrichtung
H	Ballonlänge, gemessen als Abstand zwischen Ringebene und Fadenführungsauge
K	Spindelkopfdurchmesser
L_a	Läuferstellung, d.i. der Winkel zwischen Läuferposition und $0°$-Marke am Ring
L_i	Winkel zwischen Tangente an das gespiegelte Läuferbild und $0°$-Marke am Ring
n	fortlaufende Zählung der Spindelumdrehungen, mit 0 beginnend
q_1	Reststreubreite der linearen Regression bei S=99 %
q_2	Reststreubreite der Sinusregression bei S=99 %
r	Ringradius
s_L	Läuferweg
S_p	Spindelstellung, das ist der Winkel zwischen der Marke auf dem Spindelkopf und der 0-Marke am Ring
$S_p - L_a$	Läufernacheilung
$(S_p - L_a)_{korr.}$	trendberichtigte Läufernacheilung
$S_p - L_i$	Läuferschräglage
t	Zeit
U	Spindeldrehzahl
v_L	Bahngeschwindigkeit des Läufers
W_{max}	Maximalwert der Läuferbeschleunigungskraft in Bahnrichtung
w	Läuferbeschleunigung
w_{extr}	Extremwerte der Läuferbeschleunigung
α	Phasenlage der Sinusregression
γ	Winkel zwischen der momentanen Bewegungsrichtung des Läufers und der Fadenrichtung vom Läufer zur Spindel

Tabelle 1   Versuchsdaten für die Messungen an
T-fömigen Ringen ⌀60mm mit C-flach-Läufer

Versuch Nr.	Kopf ⌀ (mm)	Ballonlänge (mm)	Spindeldrehzahl (U/min.)	Exzentrizität (mm)
58	52	375	7800	0,46
59	25	375	7800	0,46
70	52	375	11500	0,49
71	25	375	11500	0,49
60	25	375	7800	1,50
61	52	375	7800	1,50
64	52	375	11500	1,50
66	25	375	11500	1,50
72	25	115	11500	0,00
73	52	115	11500	0,00
74	52	115	7800	0,00
75	25	115	7800	0,00
76	25	115	7800	0,86
77	25	115	11500	0,86
78	52	115	11500	0,86
79	52	115	7800	0,86

Tabelle 2   Versuchsdaten für die Messungen an
HZ-BS-Laced V-Ringen ⌀120mm mit HZ-Läufer

Versuch Nr.	Kopf ⌀ (mm)	Ballonlänge (mm)	Spindeldrehzahl (U/min.)	Exzentrizität (mm)
32	38	390	5500	0,00
35	110	390	3900	0,00
36	110	390	5500	0,00
33	38	390	5500	1,75
34	38	390	3900	1,75
37	110	390	5500	2,50
38	110	390	3900	2,50
41	110	200	5500	0,00
42	110	200	3900	0,00
43	38	200	3900	0,00
44	38	200	5500	0,00
39	110	200	3900	2,50
40	110	200	5500	2,50
45	38	200	5500	2,50
47	38	200	3900	2,50

Tabelle 3   Bei der Winkelmessung mögliche,
               geschätzte Ablesefehler

gemessener Winkel	C-flach Läufer	HZ-Läufer
Sp	± 0,2°	± 0,2°
La	± 1,0°	± 0,3°
Li	± 1,5°	± 1,0°
Nacheilung	± 1,2°	± 0,5°
Schräglage	± 1,7°	± 1,2°

Tabelle 4   Nacheilung der C-flach-Läufer Sinusregression

Versuch Nr.	Mittelwert a_2 (°)	Amplitude b_2 (°)	Phase α (°)	Restbreite $\pm q_2$ (°)	Bestimmtheit B_2 (%)
58	-5,099	1,801	53,5	0,197	65,60
59	-11,810	0,800	59,0	0,460	5,43
70	4,280	1,984	24,5	0,673	20,43
71	11,350	2,790	10,0	0,470	50,84
60	-6,259	3,279	26,0	0,433	56,58
61	-1,124	0,818	17,0	0,239	20,59
64	3,769	2,373	35,0	0,286	66,17
66	-2,910	1,500	46,5	0,499	20,36
72	-3,150	1,574	34,5	0,582	18,32
73	-4,895	2,540	45,0	0,292	70,97
74	-0,034	2,861	26,0	0,228	77,40
75	-4,280	1,313	144,0	0,620	8,32
76	5,030	2,300	260,0	0,451	32,43
77	-11,556	3,192	34,0	0,617	46,48
78	3,667	2,757	16,0	0,280	75,15
79	-1,360	2,870	13,0	0,177	84,82

Tabelle 5   Nacheilung der HZ-Läufer Sinusregression

Versuch Nr.	Mittelwert a_2 (°)	Amplitude b_2 (°)	Phase α (°)	Restbreite $\pm q_2$ (°)	Bestimmtheit B_2 (%)
32	6,462	0,445	201	0,266	3,78
35	7,750	–	–	–	–
36	3,010	–	–	–	–
33	7,364	2,465	286	0,201	77,86
34	8,435	1,654	64	0,167	57,45
37	4,028	0,866	194	0,131	41,69
38	6,864	0,490	163	0,048	11,67
41	5,620	1,220	74	0,252	30,87
42	5,716	1,468	76	0,103	72,78
43	3,763	0,694	15	0,147	18,99
44	10,890	0,463	85	0,219	10,39
39	5,547	1,013	142	0,107	52,89
40	8,838	1,755	151	0,166	63,91
45	7,015	1,989	268	0,352	38,00
47	5,654	2,821	249	0,279	65,88

Tabelle 6   Schräglage der C-flach-Läufer
            Subjektive Methode

Versuch Nr.	Mittelwert a_2 (°)	Amplitude b_2 (°)	Phase α (°)	Frequenz-faktor f
58	12,6	2,2	50	1
59	7,4	1,8	90	1
70	7,8	1,2	50	1
71	10,6	2,8	86	1
60	8,0	1,8	206	1
61	9,0	1,8	42	2
64	8,8	1,2	26	2
66	6,4	1,2	20	2
72	13,6	1,4	34	2
73	13,6	4,0	22	2
74	14,0	3,0	30	2
75	12,0	3,0	44	1
76	9,6	3,0	40	1
77	9,4	2,4	50	1
78	12,2	3,0	30	2
79	14,4	2,4	28	2

Tabelle 7   Schräglage der HZ-Läufer Subjektive Methode

Versuch Nr.	Mittelwert a_2 (°)	Amplitude b_2 (°)	Phase α (°)	Frequenz-faktor f
32	9,5	0,0	-	-
35	16,4	3,6	198	1
36	15,2	0,0	-	-
33	12,7	2,3	18	1
34	9,0	4,0	76	1
37	18,6	3,6	200	1
38	16,1	3,0	160	1
41	17,0	3,5	230	1
42	19,5	2,6	56	2
43	12,2	5,0	26	3
44	12,2	4,2	180	1
39	15,0	4,0	72	2
40	18,5	2,5	30	2
45	10,0	5,0	206	1
47	9,0	5,0	20	3

Tabelle 8 Einfluß der Spinnparameter auf die periodischen Störungen der Bewegung des C-flach-Läufers

Spinnparameter	Kopf ∅ (mm)	Ballonlänge (mm)	Drehzahl (U/min)	Exzentrizität (mm)	Unsicherheit
Mittelwert und Variationsbreite	38,5 ± 31,5%	245 ± 53,1%	9650 ± 19,2%	0,75 ± 100%	
Einfluß der Spinnparameter auf die Schwankungsamplitude der Nacheilung					
$b_2 = 2,12°$ ± 1% Parameteränderung verändert die Amplitude um	± 4,3% ± 0,1%	± 15,1% ± 0,3%	± 7,9% ± 0,4%	± 9,7% ± 0,1%	± 19,3%
Einfluß der Spinnparameter auf die mittlere Läuferschräglage					
$a_2 = 10,59°$ ± 1% Parameteränderung verändert die Schräglage um	± 8,0% ± 0,2%	± 12,4% ± 0,2%	± 3,7% ± 0,2%	± 12,7% ± 0,1%	± 11,4%
Einfluß der Spinnparameter auf die Schwankungsamplitude der Schräglage					
$b_2 = 2,26°$ ± 1% Parameteränderung verändert die Amplitude um	± 3,1% ± 0,1%	± 19,7% ± 0,4%	± 5,3% ± 0,3%	± 11,1% ± 0,1%	± 16,8%

Tabelle 9   Einfluß der Spinnparameter auf die periodischen Störungen der Bewegung des HZ-Läufers.

Spinnparameter	Kopf ⌀ (mm)	Ballonlänge (mm)	Drehzahl (U/min)	Exzentrizität (mm)	Unsicherheit
Mittelwert und Variationsbreite	74 ± 48,6%	295 ± 32,2%	4700 ± 17%	1,25 ± 100%	
Einfluß der Spinnparameter auf die Schwankungsamplitude der Nacheilung					
$b_2 = 1,12°$ +1% Parameteränderung +/- verändert die Amplitude um	± 27,7% ± 0,8%	± 23,6% ± 0,7%	± 1,8% ± 0,1%	± 43,8% ± 0,4%	± 33,9%
Einfluß der Spinnparameter auf die mittlere Läuferschräglage					
$a_2 = 13,77°$ +1% Parameteränderung +/- verändert die Schräglage um	± 23,6% ± 0,5%	± 2,3% ± 0,07%	± 2,9% ± 0,2%	± 1,5% ± 0,02%	± 10,0%
Einfluß der Spinnparameter auf die Schwankungsamplitude der Schräglage					
$b_2 = 3,29°$ +1% Parameteränderung +/- verändert die Amplitude um	± 12,2% ± 0,3%	± 22,2% ± 0,7%	± 17,0% ± 1,0%	± 15,5% ± 0,03%	± 21,0%

Tabelle 10 Maximale Beschleunigungskräfte
           am C-flach-Läufer

Versuch Nr.	Maximale Beschleunigungskraft W_{max} (cN)	Maximaler Beschleunigungsanteil am Fadenzug zwischen Spindel und Läufer F_{max} (cN)
58	6,3	9,6
59	1,2	3,2
70	10,2	15,6
71	6,9	17,9
60	5,0	13,0
61	2,6	4,0
64	10,9	16,7
66	2,4	6,2
72	3,9	10,1
73	13,0	19,9
74	8,2	12,6
75	1,8	4,7
76	3,2	8,3
77	7,9	20,5
78	14,1	21,6
79	8,3	12,6

Tabelle 11   Maximale Beschleunigungskräfte am HZ-Läufer

Versuch Nr.	Maximale Beschleunigungskraft W_{max} (cN)	Maximaler Beschleunigungsanteil am Fadenzug zwischen Spindel und Läufer F_{max} (cN)	Fadenzugkraft, über dem Fadenführungsauge gemessen Mittelwert (cN)	Schwankung (cN)
32	0,1	0,5	85	± 7,5
35	0,0	0,0	42	± 2,1
36	0,0	0,0	64	± 3,9
33	0,8	2,6	62	± 5,5
34	0,7	2,3	40	± 4,1
37	2,1	3,1	69	± 2,1
38	0,6	0,9	31	± 2,8
41	2,9	4,3	54	± 6,9
42	1,8	2,6	21	± 5,5
43	0,3	1,0	16	± 2,5
44	0,4	1,3	61	± 2,0
39	1,2	1,8	22	± 5,5
40	4,2	6,2	42	± 8,3
45	1,6	5,4	39	± 6,0
47	1,2	3,9	27	± 9,4

Tabelle 12 Mittelwerte der Fadenzugkräfte bei Veränderung der Spinnparameter.

Spinnparameter		Maximaler Anteil der Beschleunigungskräfte am Fadenzug zwischen Läufer und Spindel		Fadenzug oberhalb des Fadenführungsauges
		C-flach-Läufer (cN)	HZ-Läufer (cN)	HZ-Läufer (cN)
Exzentrizität (mm)	0,00	11,8	1,4	49 ± 4,3
	0,46	11,6		
	0,86	15,8		
	1,50	10,0		
	1,75		2,5	51 ± 4,8
	2,50		3,6	38 ± 5,7
Kopf ∅ (mm)	25	10,5	2,4	47 ± 5,3
	38			
	52	14,1	2,4	43 ± 4,6
	110			
Ballonlänge (mm)	115	13,8	3,3	35 ± 5,8
	200			
	375	10,8	1,3	56 ± 4,0
	390			
Drehzahl (U/min)	3900	8,5	1,8	28 ± 4,6
	5500			
	7800	16,1	2,9	60 ± 5,3
	11500			

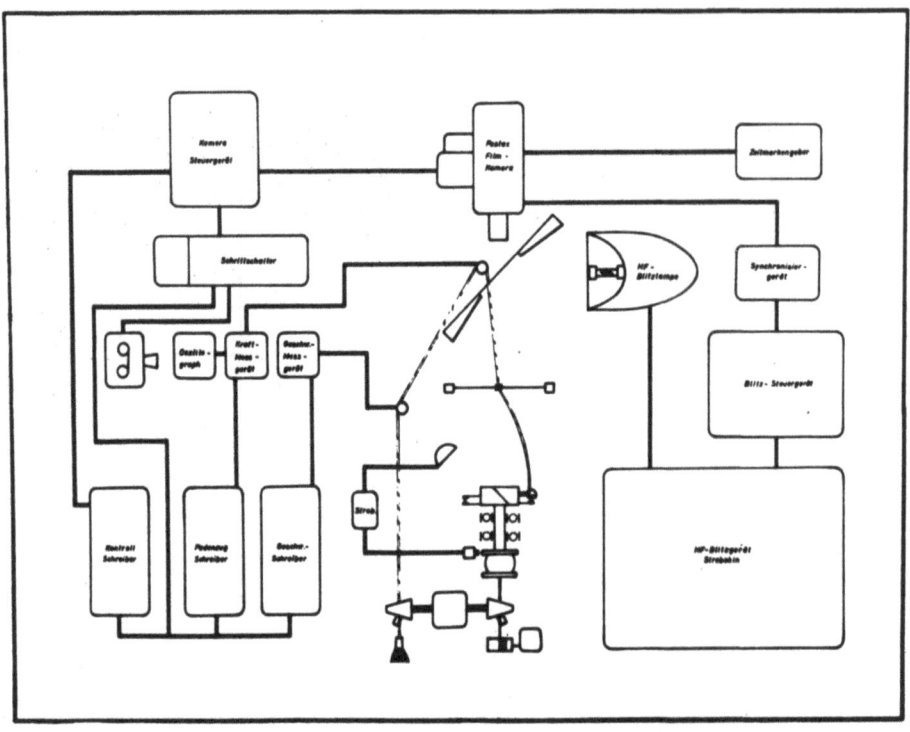

Abbildung 1   Schematische Darstellung der Versuchs-
             einrichtung

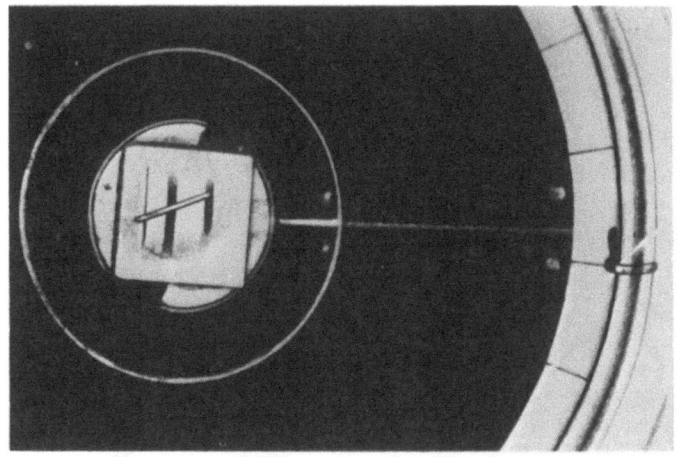

Abbildung 2   Versuchsspindel mit Spindel-
               kopf, Prisma, HZ-Ring und ohr-
               förmigem Läufer

Abbildung 3   Ausschnitt aus dem von der
               HF-Kamera erfaßten Bild (Standfoto).
               Der Läufer ist in Draufsicht und
               Seitenansicht erkennbar.

Abbildung 4 Gesamtansicht der Meßanordnung

Abbildung 5 Filmauswertegerät Lytax

Abbildung 6 Einzelbildvergrößerung
aus einem HF-Film vom T-förmigen
Ring mit C-flach-Läufer

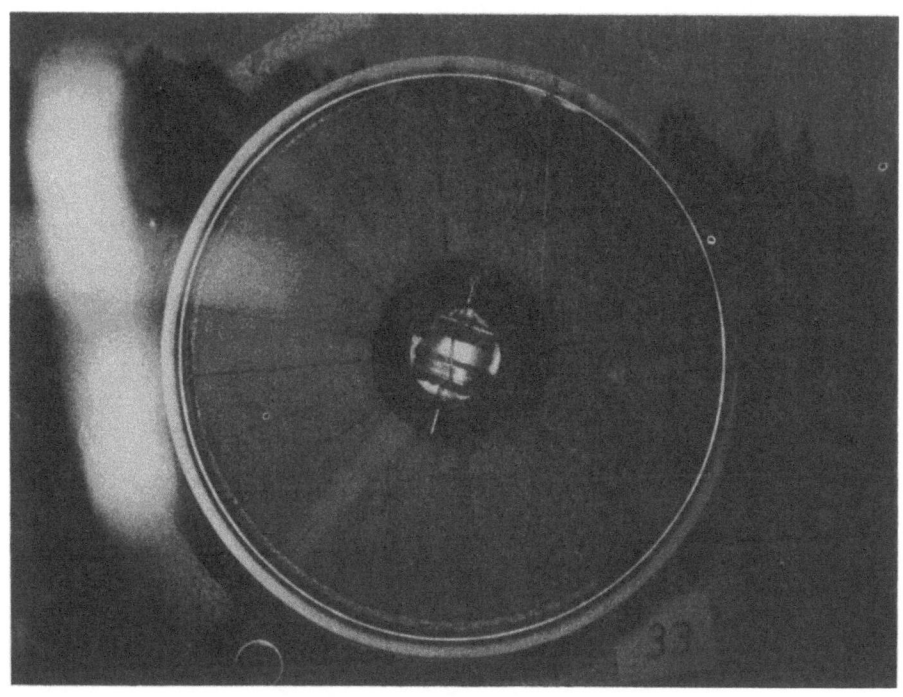

Abbildung 7 Einzelbildvergrößerung aus einem
HF-Film vom HZ-Ring mit ohrförmigem
Läufer

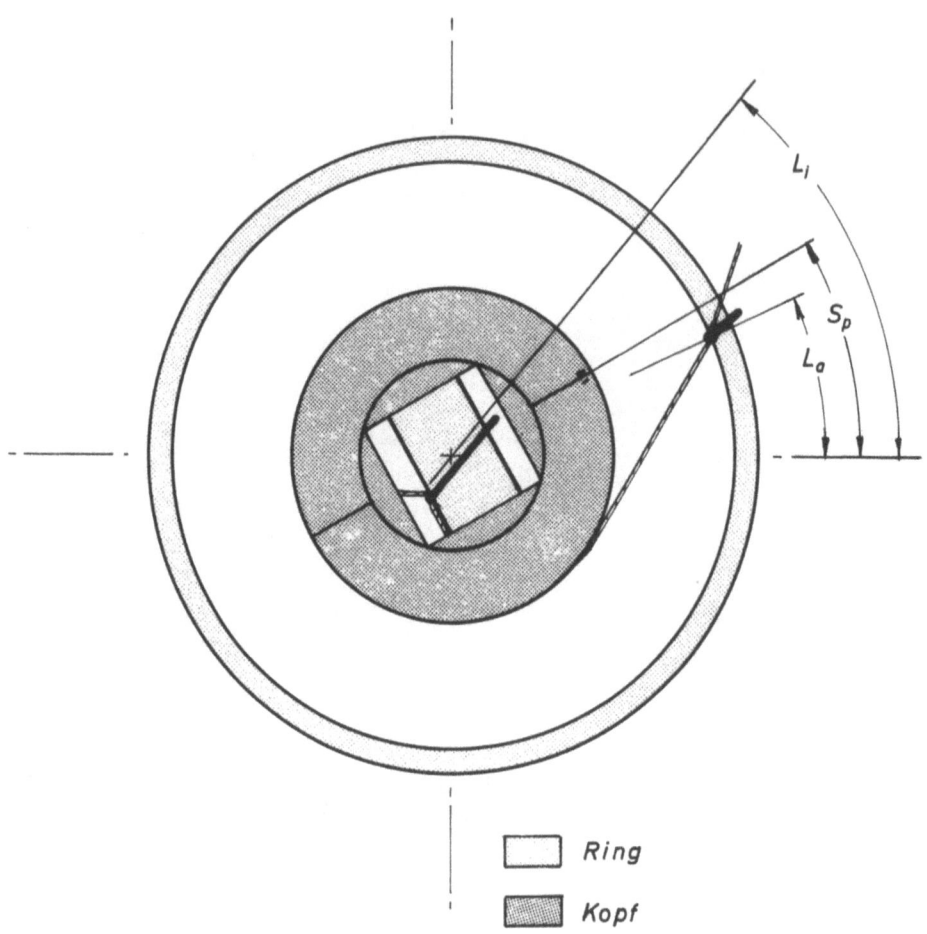

Abbildung 8 Die zu Auswertezwecken gemessenen Winkel

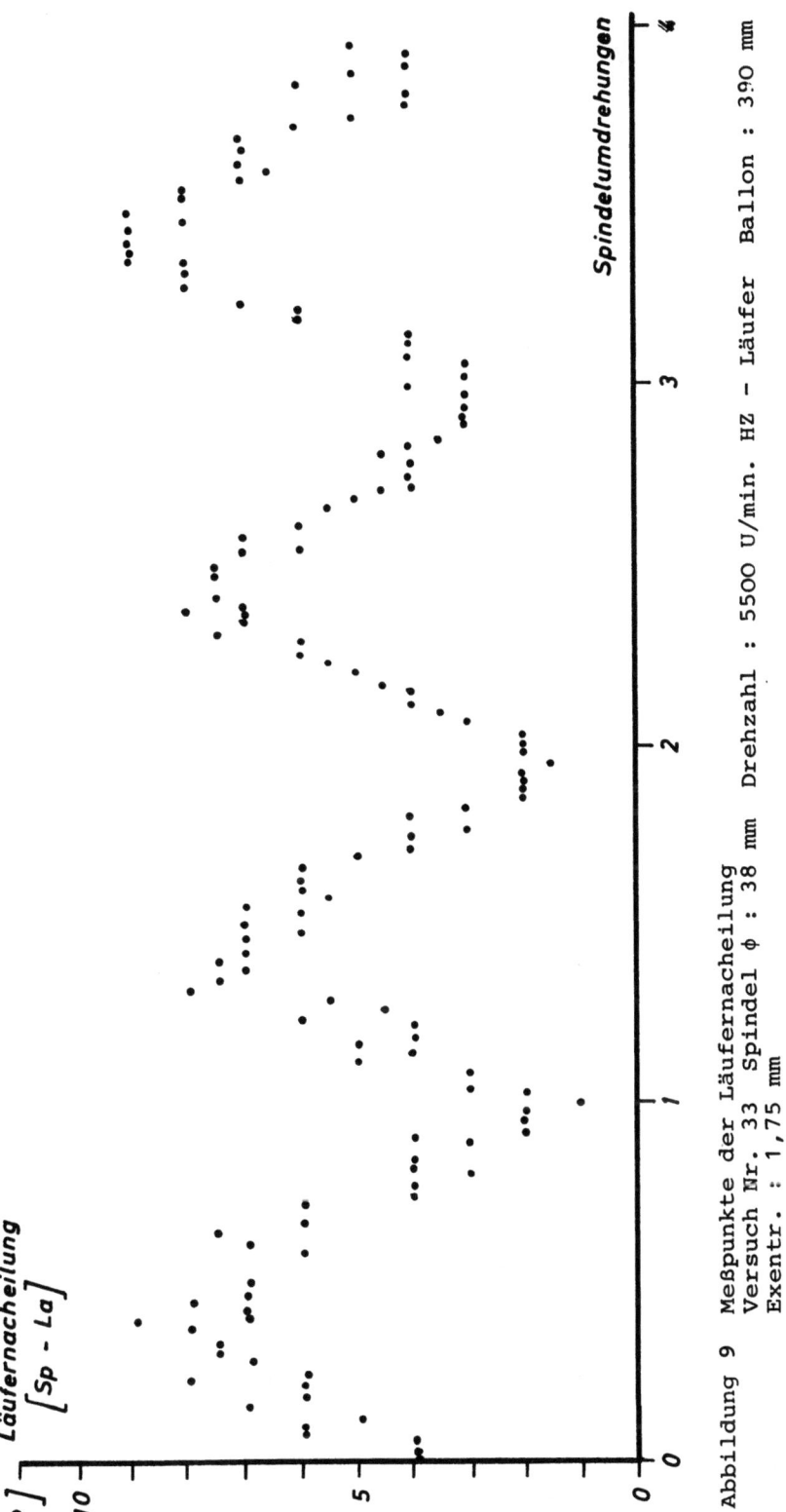

Abbildung 9 Meßpunkte der Läufernacheilung
Versuch Nr. 33 Spindel ⌀ : 38 mm Drehzahl : 5500 U/min. HZ - Läufer Ballon : 390 mm
Exentr. : 1,75 mm

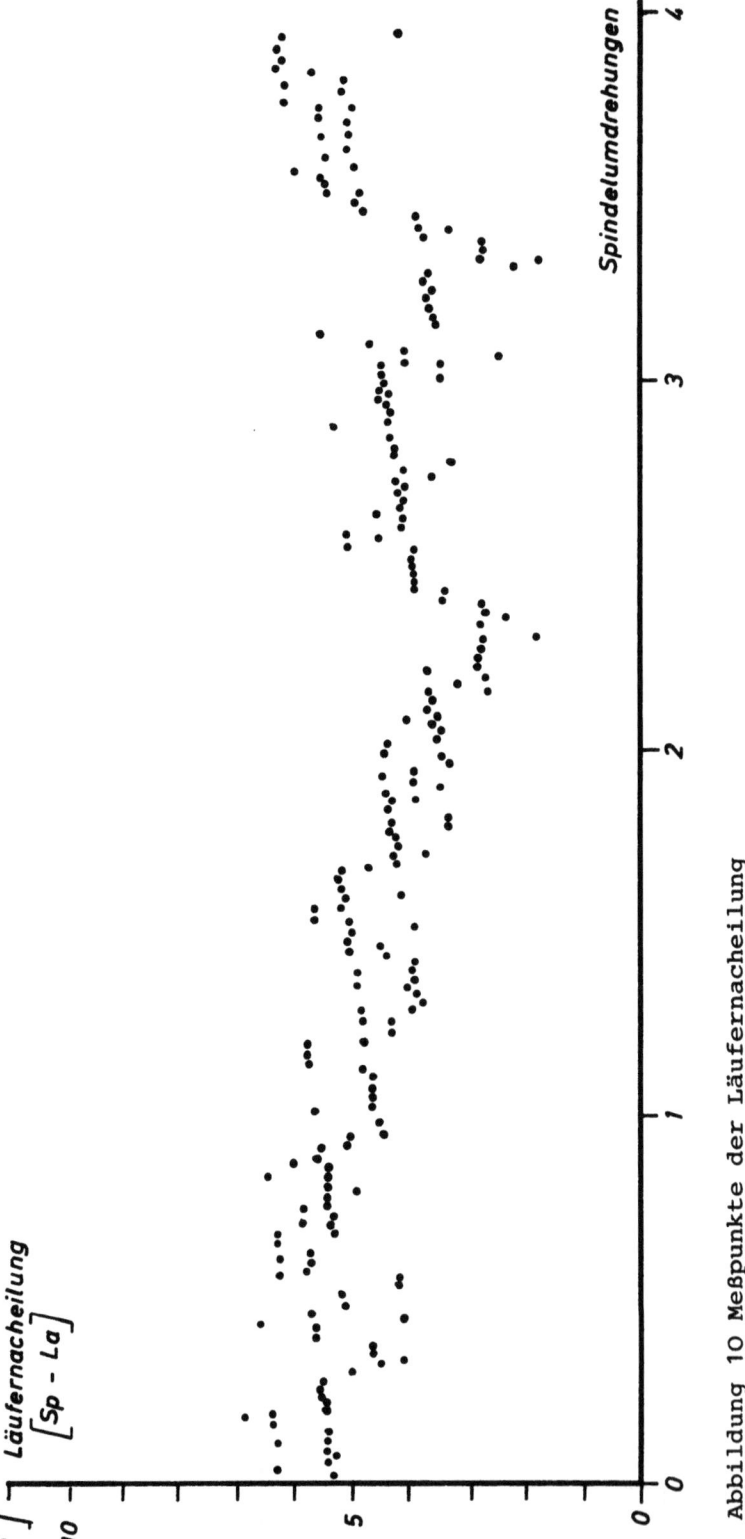

Abbildung 10 Meßpunkte der Läufernacheilung
Versuch Nr. 32 Spindel ⌀ : 38 mm Drehzahl : 5500 U/min. HZ - Läufer Ballon : 390 mm
Exentr. : 0 mm

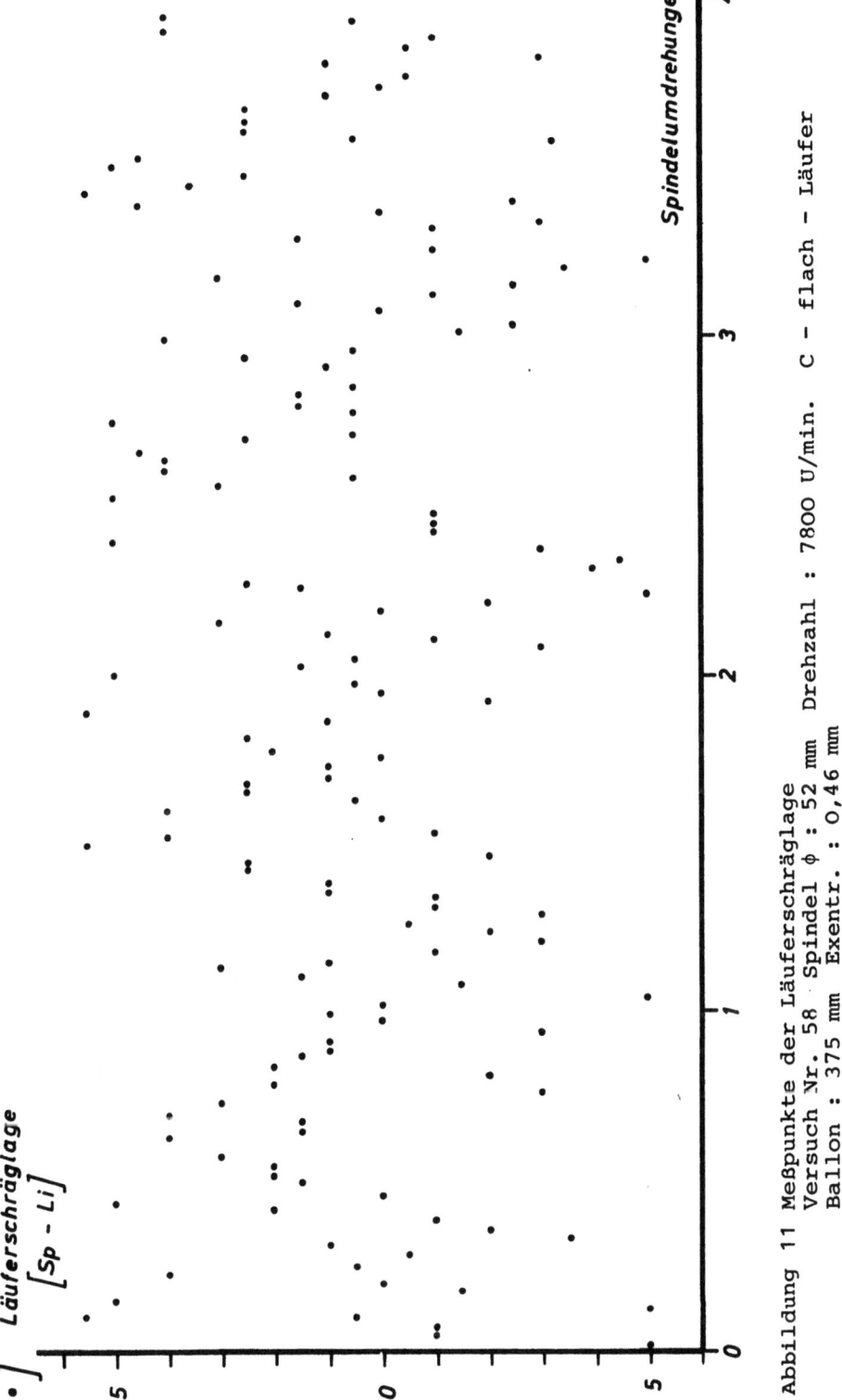

Abbildung 11 Meßpunkte der Läuferschräglage
Versuch Nr. 58 Spindel ⌀ : 52 mm   Drehzahl : 7800 U/min.   C - flach - Läufer
Ballon : 375 mm Exentr. : 0,46 mm

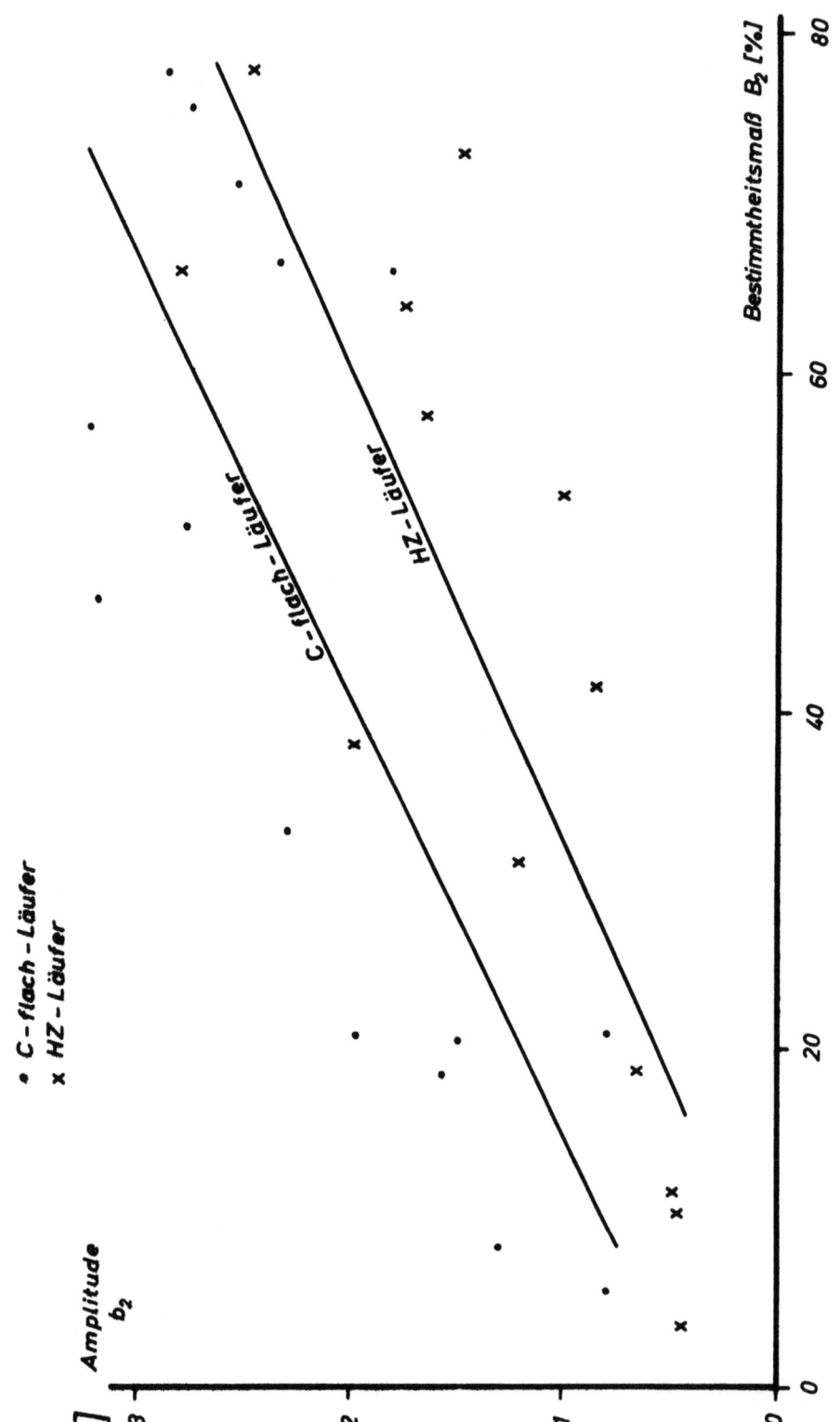

Abbildung 12 Regression zwischen Amplitude der Sinusschwingung und Bestimmtheitsmaß

FORSCHUNGSBERICHTE
des Landes Nordrhein-Westfalen

*Herausgegeben
im Auftrage des Ministerpräsidenten Heinz Kühn
vom Minister für Wissenschaft und Forschung Johannes Rau*

Die „Forschungsberichte des Landes Nordrhein-Westfalen" sind in zwölf Fachgruppen gegliedert:

Geisteswissenschaften
Wirtschafts- und Sozialwissenschaften
Mathematik / Informatik
Physik / Chemie / Biologie
Medizin
Umwelt / Verkehr
Bau / Steine / Erden
Bergbau / Energie
Elektrotechnik / Optik
Maschinenbau / Verfahrenstechnik
Hüttenwesen / Werkstoffkunde
Textilforschung

Die Neuerscheinungen in einer Fachgruppe können im Abonnement zum ermäßigten Serienpreis bezogen werden. Sie verpflichten sich durch das Abonnement einer Fachgruppe nicht zur Abnahme einer bestimmten Anzahl Neuerscheinungen, da Sie jeweils unter Einhaltung einer Frist von 4 Wochen kündigen können.

WESTDEUTSCHER VERLAG
5090 Leverkusen 3 · Postfach 300620

If you have any concerns about our products,
you can contact us on
ProductSafety@springernature.com

In case Publisher is established outside the EU,
the EU authorized representative is:
**Springer Nature Customer Service Center GmbH
Europaplatz 3, 69115 Heidelberg, Germany**

Printed by Libri Plureos GmbH
in Hamburg, Germany